美人点妆

国风妆容与盘发实例教程
Chinese Style Makeup and Hairstyle Tutorial

顾小思 编著

人民邮电出版社

北京

图书在版编目（ＣＩＰ）数据

美人点妆：国风妆容与盘发实例教程 / 顾小思编著
. -- 北京：人民邮电出版社，2018.7（2021.2 重印）
ISBN 978-7-115-48427-7

Ⅰ．①美… Ⅱ．①顾… Ⅲ．①女性－化妆－造型设计
②女性－发型－造型设计 Ⅳ．①TS974.1②TS974.21

中国版本图书馆CIP数据核字(2018)第097853号

内 容 提 要

本书是《美人云鬟 国风盘发造型实例教程》的姊妹篇，在前一本书的基础上，增加了全新的化妆教程和男性装扮教程。全书内容丰富多样，案例风格多变。

本书共分为五章。章一引导读者了解国风化妆造型的基础知识，对化妆工具的选用、垫发包的制作、不同眉形和唇妆、花钿，以及外拍经验等知识进行了介绍。章二展示了五个朝代（时期）的妆容和盘发造型。章三展示了《山海经》《西游记》《梨园戏曲》等热门作品中的相应造型。章四为男性的妆容与造型。章五展示了国风日常造型，更符合现在年轻人的审美。章二至章五中大部分案例都同时配有妆容和发型分步讲解，按照这些案例练习，读者可以快速上手，并且独自完成妆容造型。

本书适合化妆造型师及国风爱好者阅读和使用，同时可作为化妆培训学校的参考用书。

◆ 编　著　顾小思
责任编辑　赵　迟
责任印制　陈　犇

◆ 人民邮电出版社出版发行　　北京市丰台区成寿寺路 11 号
邮编　100164　　电子邮件　315@ptpress.com.cn
网址　http://www.ptpress.com.cn
北京印匠彩色印刷有限公司印刷

◆ 开本：889×1194　1/16
印张：14.5　　　　　　　　　　2018 年 7 月第 1 版
字数：467 千字　　　　　　　2021 年 2 月北京第 5 次印刷

定价：118.00 元
读者服务热线：(010)81055410　印装质量热线：(010)81055316
反盗版热线：(010)81055315
广告经营许可证：京东市监广登字 20170147 号

前言

很荣幸，我的第一本书《美人云鬟 国风盘发造型实例教程》受到了大家的喜爱。其实我一直不认为自己是个专业的化妆造型师，我所做的大部分造型都是靠着多看图，一点点领会的。就像第一本书中和大家说的原理一样，如果只是学会某个造型的制作方法而无法灵活运用，并不是一种正确的学习方式。一定要多思考，并理解其原理，这样，不管遇到什么样的模特都可以很快为其做出理想的造型。我在第一本书中留下了一些遗憾，如妆容部分只展示了一个通用妆容，那时确实是自己学艺不精。之后这半年，我一直在研究妆容的各种表达方式，于是就有了本书。

本书与《美人云鬟 国风盘发造型实例教程》是姊妹篇，所以建议大家一起阅读。"云鬟"，顾名思义，重点在于发型部分。而"点妆"则更侧重对妆容的理解与运用。当然，本书还有一个特色，就是男性妆容与造型部分。这几年，汉服开始复兴，不仅女孩喜欢，很多男孩也参与到其中，而拍摄也要跟上潮流，不仅要有女孩，也要有男孩，所以男性妆容与造型部分就诞生了。比起妖媚的男性装扮，我个人更喜欢正气一些的男性，所以本书没有尝试"妖孽系"的形象，而是走比较阳刚的路线。在双人搭档中也会做一些介绍，两个人的服装造型搭配也是相当重要的。

为了表现妆容的多样性，这次我减少了模特的数量，尽可能地在同一个模特身上用不同的化妆手法来展现，这样大家可以更直观地看到区别。我尝试在一天之内给自己化六次妆并卸六次妆。（其实这是很伤皮肤的行为，但我实在是一个工作狂，而且我可以在这里面得到很大的乐趣。）

我在《美人云鬟 国风盘发造型实例教程》中提到过，造型多样性的关键是它的结构，用字母替代法就能很快地观察其结构。而妆容也是有章可循的，但比起理性的字母法则，这一次更为感性，显得更有"和谐性"。如果把化妆这件事视作画画，那么可以把上好底妆的皮肤当作画板，用眼影、口红等在脸上作画。其实最重要的就是要将底妆打得很轻薄、很干净，这样上色才会更整洁。底妆是基石，基石一定要牢固。建议大家在底妆上多下功夫。接下来就是几个基础的步骤：眼影→眼线→眉毛→睫毛→鼻侧影→修容→高光→腮红→口红。在这些步骤中，稍加变化就可以打造出不同的妆容。以眉毛为例，不同的眉形对整体妆感的影响很大，详细内容可以参考章一中"五、画黛眉"一节。

国风妆容有别于其他妆容，它更注重脸部的平和，如一些仕女图、工笔画中，古风仕女的妆容一般都是细长的眉毛以及细长的丹凤眼，脸部整体特别平整。但是为了符合现代审美，现在也会加入很多现代的化妆元素。

特别感谢：董舒颖

特别感谢服饰赞助的商家（排名不分先后）：槐序赋、司南阁、宴山亭、她说汉家衣裳、寒山渡汉服

特别感谢首饰提供者：风雪初晴原创设计首饰

特别感谢摄影师：小金印象、阿瑶想吃鱼豆腐、散兄、我是欧阳倩、原来的刘凌铎、摩西君、姬小妖

特别感谢插画师：思夏千万不能丧

目录

姬小妖

章一

国风化妆造型基础知识

一、浅谈古人的护肤与彩妆

在国风妆容流行的现代，大家似乎开始对古人的天然护肤产生了浓厚的兴趣，这使很多个体店打着古法手制的旗号去售卖一些古方护肤品、化妆品。这一类化妆品是否真的是古方呢，真正意义上的古方又是什么呢？下面我们将具体介绍。

香粉

古人的香粉之于现代，更像是粉底与散粉的结合，这里暂且把香粉归于粉底一类。古人与现代人的审美并不相同，古人对妆容的追求更偏向于白净。早在汉代时期，就有人把米粉碾碎，敷于面部，用来增白，掩盖脸部原有的肤色。古人的香粉分为两种：一种为妆粉，另一种为傅身。

妆粉即敷于面部的粉底，傅身则是用于身体的香粉。早在《齐民要术》里就有提到："作香粉以供妆摩身体。"古代的香粉无论是涂于面部还是用于傅身，都散发着鲜明的香气。让香粉沾染上香气的一种方式就是"熏"，向粉盒中投入很多花瓣（如丁香花瓣、玫瑰花瓣、牡丹花瓣），通过"熏"的方式，让香粉染上香气。早在东汉的时候，曹植在《洛神赋》中夸赞宓妃的美貌："芳泽无加，铅华弗御。"即形容梦中情人美丽得无须铅粉修饰，这也间接反映了铅粉在东汉上层人士中的普及性，是一种基础化妆品。另外，根据高春明先生的研究，秦兵马俑已经用铅粉涂刷底色，而在西汉墓出土文物中，也屡屡有铅粉实物存留在铜、漆粉盒内，这就是说，在西汉时期，人们就普遍地利用铅粉化妆了。（参考高春明《妆粉》《中国服饰名物考》，上海文化出版社，2001 年，336~342 页）

至于傅身，就是在化妆的时候，为了让形象完整，不仅要把整张脸均匀地涂上粉，而且连带脖颈、前胸也涂上同样颜色的粉，以免面部、脖颈与前胸的颜色不一致。在前面的叙述中，我们提到古人对妆容的追求就是白皙、平整，这就是涂粉的目的。

晚唐时期，有一定经济实力的女性，在夜晚临睡前都要上一层薄妆，然后就带着这样的妆容过夜，经过一夜的休息，到天明的时候，那一层薄妆则变成了残妆。"深处麝烟长，卧时留薄妆。"（温庭筠《菩萨蛮》）睡前涂白粉（类似于现在的晚安粉）并不是为了化妆，其主要的作用是利用夜间人体休息的时间对皮肤加以修护和保养。

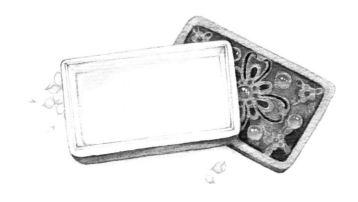

胭脂

"离离秋实弄轻霜，娇红脉脉，似见胭脂脸。"

早在魏晋南北朝时期，就有红蓝花制胭脂的记载，北朝时期叫作"燕支"，即用红花汁染成的红色化妆粉。东汉刘熙在《释名》中写道："轻粉，郝，赤也。染粉使赤，以着颊上也。"即把米粉染红，作为令双颊生辉的专用妆色。在汉代，这已是最通用的化妆方式。

红色化妆粉的原料、配方并非只有一种。从历史记载来看，多种植物的花果都可以作为红色化妆品的制作原料。《物理小识》中胭脂被记录为："凡红色花，皆可取汁作胭脂，但有深浅，如凤仙染甲之类。"

口脂

口脂即口红，最早也叫蜡胭脂，顾名思义，就是在胭脂中加入蜡，则凝固成了口脂。

口脂以蜂蜡为主要原料，同时加入适量的甲煎香油，很接近现在的唇膏，是一种蜡质的、半固体状态的膏冻。像唇膏一样，一旦涂抹，很容易就留下唇印。它们的制作原理都是染料上色，这也就很好解释现在很多化妆品公司会做一些固体类口红、腮红通用产品的原因了，其原型都是蜡胭脂。

二、化妆刷的选择与运用

面部刷主要分成三大类：粉底液刷、腮红高光刷和散粉刷。

粉底液刷：一般用来接触比较湿润的粉底，最需要考虑的是它的抓粉力。

腮红高光刷：一般用来勾画面部细节，最好选择子弹头这样的刷头形状，这样接触面积会小一些。

散粉刷：对刷毛的材质要求比较高，最好选择细羊毛类的，这样可以很好地打造雾面效果。

细节刷一般分为眼线刷、眉粉刷、眼影刷。

眼线刷：一般需要呈斜角，以勾勒眼线，其质地略硬。

眉粉刷：一般也是呈斜角的，比眼线刷大一号，这样可以更好地勾勒眉形。

眼影刷：眼影刷形状的种类有很多，作用也不同，有专门用于晕染的，也有专门用于显色的，刷毛一般以羊毛和灰鼠毛为主。

以下面这套刷子为例，介绍一下每把刷子的作用。

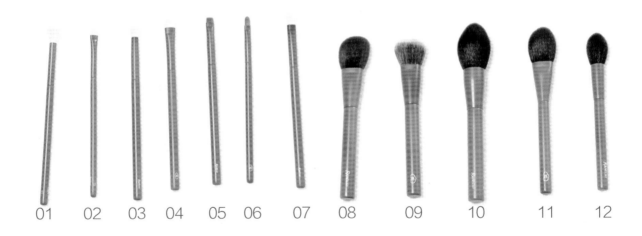

01 **大圆头晕染刷**：可以大范围晕染眼妆，也可以勾勒鼻侧影和眼窝。

02 **细节扁平眼影刷**：能自然晕染眼尾等部位，也可以画卧蚕和小烟熏妆。

03 **细节晕染刷**：小圆柱晕染刷，适合小范围晕染。

04 **扁平眼影刷**：扁平上色刷，可以让眼影更加显色。

05 **平行眼线刷**：干湿眼线刷，可以上眼影粉和眼影膏，也可晕染眼线。

06 **遮瑕刷**：重点对痘印遮瑕，也可以用作唇刷。

07 **上色晕染刷**：可以用扁平面整体上色，刷子上缘偏尖，可以照顾眼角、眼尾等偏窄的部位。

08 **斜角修容刷**：纵向使用，可以大面积修容。

09 **多功能底妆刷**：适合上偏稀的粉底液，可晕开遮瑕膏。

10 **火苗散粉刷**：适合大面积地上散粉，可以顾及面部各个细节处。

11 **舌形腮红刷**：适合平面打圈并上色，可以均匀地涂抹腮红。

12 **高光刷**：可以点缀出很好的高光效果。

三、垫发包的制作方法

使用材料
与工具

曲曲发、剪刀、发网

01 准备好曲曲发、剪刀和发网。

02 将曲曲发对折并剪断。

03 再次将其对折并剪断。

04 取一部分曲曲发，按照同一个方向平铺。

05 再取一部分曲曲发，交叉叠加在第一部分曲曲发上。

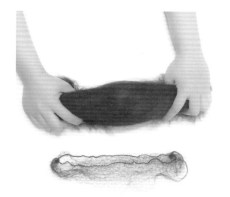

06 将曲曲发卷起并用发网包裹。

07 垫发包制作完成。此外，可以对比头部的尺寸来调节曲曲发的长度。在步骤06中可以用手整理出不同的形状，以呈现不同的垫发包样式。

19

四、关于底妆

底妆产品大致可分为四大类：妆前乳、粉底、遮瑕产品和定妆产品。

妆前乳

隔离霜能够隔绝紫外线和彩妆，其作用与防晒霜相似。一般顺序是先涂隔离霜或防晒霜，再涂妆前乳，以起到保护皮肤、减少彩妆伤害的作用。

妆前乳从功能上来说可以分为三大类：保湿型、控油型及调色型。

保湿型妆前乳：一般是水润质地的，很好推开，类似乳液，适合干性皮肤、混合型皮肤，可以在冬天天气干燥时使用。保湿型妆前乳的优点是可以让整个底妆更为伏贴，减少浮粉、卡粉的情况。

控油型妆前乳：适用于油性皮肤、混合型皮肤，很适合痘痘肌于夏天使用。

调色型妆前乳：可修正肤色，修饰红血丝、泛黄等。调色可以按照色彩原理来使用：用紫色调整皮肤暗沉；用绿色调整红血丝、痘印；用橘粉色调整黑眼圈、黑色素沉淀；用蓝色调整晒黑的肌肤。

粉底

粉底的主要作用是均匀肤色。

粉底一般根据干湿度或者说是水油比例的不同分为粉饼、粉妆条、粉底霜和粉底液四种基本形态，BB 霜、CC 霜都是这些粉底的变种，本质上一样。

这几种形态的粉底的干湿程度不同，它们的遮瑕力、滋润度也不同。可根据遮瑕力、延展性和滋润度辨别这几款产品。

粉妆条遮瑕力最强，粉底液的延展性最好，粉底霜的滋润度高于其他产品。

大家也要根据自己皮肤的情况来选择粉底。干性皮肤的人推荐使用滋润度高一些的粉底液，其延展性较好。油性皮肤的人推荐使用控油型的粉底。痘痘肌、敏感肌的人要尤其注意，一般要选择矿物粉底，其刺激比较小。

选择粉底的色调时，最好去专柜试一下。一般粉底的色号包括色调和色阶，如粉、黄就是色调，01、02就是色阶。

遮瑕产品

遮瑕是对局部皮肤的修正，对痘痘、黑眼圈、斑点或其他瑕疵可以用点涂遮瑕的方式来覆盖。

遮瑕产品可分为遮瑕膏、遮瑕液和遮瑕笔，其延展性越好，遮瑕力越弱，但相对也越轻薄。

还有调色型的遮瑕产品，它和妆前乳的原理是一样的。

定妆产品

定妆是化妆中非常重要的一步。定妆产品一般分为蜜粉、散粉、粉饼及定妆喷雾。
笔者建议选择散粉和粉饼，然后用粉扑和刷子来控制定妆产品的干湿程度。

如何打造完美底妆?

01 用妆前乳做好保湿工作。在脸部高光区域涂刷妆前乳。

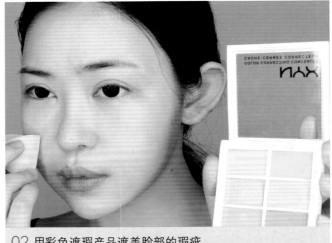

02 用彩色遮瑕产品遮盖脸部的瑕疵。

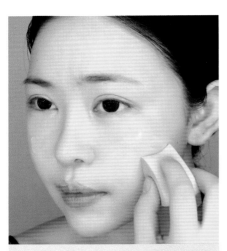

03 用三角棉蘸取粉底，以按压的方式按压脸部。

04 用刷子在斑点和痘痘的位置点涂遮瑕产品。

05 用散粉定妆。

五、画黛眉

　　柳永在《少年游》中这样描写满怀心事的女子："日高花榭懒梳头，无语倚妆楼。修眉敛黛，遥山横翠，相对结春愁。"不管是在耳熟能详的古诗词中，还是在晦涩难懂的古籍记载中，"眉"和"美人"之间向来有着无法忽视的联系。古人谈及美人往往会细腻地描述一下她的眉妆，甚至直接用眉来指代美人的风情。例如，《红楼梦》中的"两弯似蹙非蹙罥烟眉，一双似喜非喜含情目。态生两靥之愁，娇袭一身之病。"古代文人墨客对"眉"不乏生动优美的咏叹，从此处可以看出，眉毛常作为女性美的标志，而眉妆的发展历程也被这些美丽的字句永久地记录了下来。

　　黛——青黑色的颜料，古代女子用来画眉，有时也作为"眉毛"或"美人"的代称。《楚辞》中有"粉白黛黑，施芳泽只。"的词句，春秋战国时期妇女描眉以深黑色为主。

　　先秦时期流行阔眉和细眉，而且以长为美。春秋时期的女子多以蛾眉（长而弯曲的眉形）作为审美标准之一。《硕人》中描述卫庄公夫人："肤如凝脂……螓首蛾眉……"。后代则以蛾眉为美女之代称。

　　长眉为汉代贵族妇女眉妆的基本样式。此外还有八字眉、远山眉、惊翠眉、愁眉等。长眉从蛾眉的基础上演变而来，其特点是长而阔。八字眉眉头上翘，眉梢压低，因形似"八"字而得名。远山眉在《玉京记》中有记载："卓文君眉色不加黛，如远山，人效之，号远山眉……"。愁眉源自八字眉，眉梢上翘，眉形细而曲折，色彩浓重。汉代是眉妆史上的第一个高潮，而蛾眉、长眉仍是这个时期的标准眉形。

　　黛眉是魏晋南北朝时期重要的妆容样式。《妆台记》中有记载："魏武帝令宫人扫黛眉，连头眉，一画连心细长。"《中华古今注》又云："武帝召宫人做白妆青黛眉。"曹植在《洛神赋》中赞道："云髻峨峨，修眉联娟。"此时虽然眉形比较单一，却是眉色丰富的时期——晕眉盛行，兼有黑眉与黄眉。晋代以"翠眉"为美。《镜赋》中描写了贵妇梳妆的过程："鬓齐故敛，眉平尤剃。"北朝时盛行"黄眉墨妆"。

　　隋炀帝重金从波斯进口大量螺子黛，以供后宫女子画眉之用。江南一名叫"吴绛仙"的女子，因画长眉而显美貌，受隋炀帝宠爱，后宫佳丽群起仿效，导致螺子黛供不应求。螺子黛亦称"黛螺"，后成为眉毛的美称。隋朝流行的眉形有阔、短一字眉，两眉双连阔柳眉，上挑寿眉。

　　唐朝经济繁荣，政治稳定，眉妆的发展进入了高潮时期。李商隐在《无题》中描写："八岁偷造镜，长眉已能画。"唐诗中还有大量描写当时画眉特色的诗句，如"蛾眉罢花丛""长眉亦似烟花贴""娟娟却月眉"。白居易的《上阳发白人歌》中有："妇人去眉，以丹紫三四横，约于目上下，谓之血晕妆。"当时妇女修眉，除剃掉原来的淡眉以外，还要刮净额毛，用"黛"画出各种眉毛样式。

　　杨贵妃创作出了很多种描眉的方法，让唐明皇迷恋不已，还特地找宫廷画工画出了他最喜欢的"十眉图"留作纪念，也作为贵妃们模仿的范本。这十眉为鸳鸯眉、小山眉、五岳眉、三峰眉、垂珠眉、月棱眉（也叫却月眉）、分梢眉、涵烟眉、拂云眉（又名横烟眉）、倒晕眉。

五代时期的眉妆仍有多种变化。据记载，五代宫中嫔妃画眉每日一变，一日开元御爱眉，二日小山眉，三日却月眉，四日三峰眉，五日垂珠眉，六日月棱眉，七日分梢眉，八日涵烟眉，九日拂云眉，十日倒晕眉。

宋代的眉式大有后来者居上之势。据宋代《清异录》记载，一名叫莹姐的人发明了近百种眉式，以求日新月异。不过，宋代妇女的眉式主要是倒晕眉，呈宽阔的月形，而眉毛尾端则用笔晕染，由深及浅，逐渐向外部散开，别有风韵。

元代眉式基本上是一字眉，不仅细长，而且平齐。

明清之际，妇女多尚秀美，眉毛多纤细弯曲，眉式已失争奇斗艳之势。

古风眉毛不同于日常眉毛，前者更注重曲线感。眉毛弧度不同，脸形的整体视觉效果也会有所改变。下面给大家展示了 8 种眉毛。

八字眉

桂叶眉

鸥翅眉

秋娘眉

双燕眉

小山眉

新月眉

羽玉眉

六、点绛唇

古代女性化妆大致可分为 7 个步骤：敷铅粉、抹胭脂、画黛眉、贴花钿、点面靥、描斜红、涂唇脂。最后一步可以说是压轴的一步，所以唇妆在整体妆容中的地位就很明显了。

早期人们用红色的花汁使双唇乃至脸颊变得更红，类似于现代的染唇液。那时的材料几乎都是纯天然的，花瓣的汁液、动物血液以及矿物染料等被纳入使用范围中。

唇脂：早期的唇脂是由朱砂制成的粉末。因为是粉末，所以附着力很差，很快就被淘汰了。

口脂：由于朱砂的附着力差，容易掉色，着色不均匀，人们便改进了制作方法，在朱砂中掺入矿物蜡及动物油脂等辅料，这样便增加了防水性，且黏密润滑，光泽鲜亮。开始时还叫唇脂，隋唐以后就改名为口脂了。

脂膏：这是一种透明黏稠的糊状膏，可以用来护肤，防止皮肤破裂。这种脂膏似乎没有掺入色料，与现在的透明唇膏类似。

口红纸：是用调好的胭脂涂在纸上，抿一下就能上妆。

先秦两汉时期

当时的女性崇尚粉白黛黑（即皮肤很白眉毛很黑的意思），唇妆样式比较单一。当时流行的唇妆样式叫作"点唇"。所谓点，就是不将上下唇全部涂满，而是在下唇中间部位涂成一个大的圆点，上唇中央不凹陷，而是朝上凸，基本上就是上小下大，近似梯形的唇妆样式。嘴角其余部分则用妆粉遮盖。

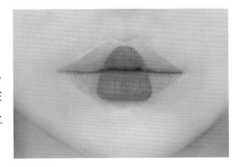

汉 梯形唇妆

魏晋时期

一般是在嘴唇原本的基础上稍作添减，上唇中央凹陷明显。当时的许多佛像和女性雕塑都是这样的唇妆。

魏 小巧唇妆

唐朝

唐朝唇妆种类最多，妇女以粉涂面时，往往将双唇也涂成白色，这样点唇时便可以任意点出各种各样的样式，其中娇小浓艳的樱桃小口尤为受到青睐。另外，唐代还有一种花朵形唇妆，其上唇中央凹陷明显，唇线夸张，呈两片花瓣状，下唇也呈两片花瓣状。

唐 花朵形唇妆

唐 蝴蝶形唇妆

唐 新疆吐鲁番出土绢画样式唇妆

宋朝

从宋朝开始，对于女性的审美标准逐渐从华丽开放走向文弱清秀。点唇样式比唐朝少得多，檀色成了流行的唇妆颜色。北宋秦观在《南歌子》中写道："揉蓝衫子杏黄裙，独倚玉阑无语点檀唇。"檀唇说的就是这种浅红色的唇妆。

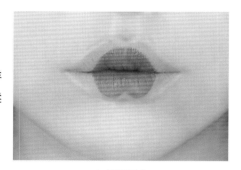

宋 椭圆唇妆

明朝

明朝很流行桃花妆和酒晕妆，前者更清淡。如果脸上有雀斑，女子还会将鲫鱼的鱼鳞贴在脸上，以遮住这些瑕疵。这一时期的审美趋势总体上还是偏向于樱桃小嘴，色彩、形状都没有很明显的特色。

明 内扩唇妆

清朝

清朝宫廷女子与民间女子装扮反差很大。清朝上层贵族女子穿旗服，戴云肩，梳旗头，偏爱以橘色系为主的非常艳丽的妆容。她们一般脸颊着色偏暗，眉妆则采用柳叶眉、水眉、平眉、斜飞眉等较素净的样式。民间女子特别是江南地区的女子，大多保留着明朝时期的打扮。不过点唇样式还是比较统一的。清朝妇女唇妆以艳红色居多，并且涂抹部位非常小，上下唇各抹一点儿。

清 花瓣唇妆

七、四朝妆

汉朝

汉朝以来，由于红蓝花的引进，使得胭脂的使用日渐普及。大家不再以素妆为美，而是开始流行各式各样的红妆，不仅敷粉，且还要施朱。汉朝妇女脸颊点红，浓者明丽娇艳，淡者幽雅清丽，按照颊色深浅及范围大小产生了各类妆名，如慵来妆、红粉妆等。

唐朝

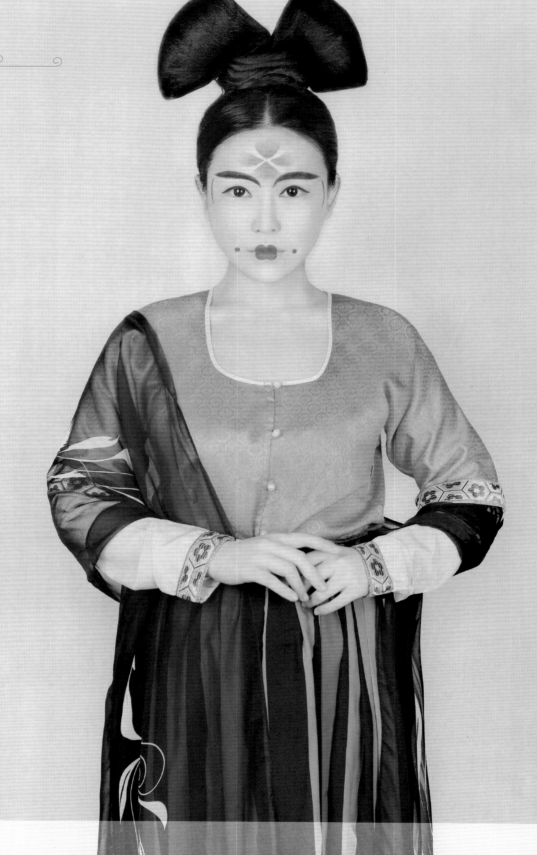

唐朝妇女好面妆，奇特华贵，变幻无穷。唐朝妇女的化妆顺序大致为一敷铅粉，二抹敷脂，三涂鹅黄，四画黛眉，五点口脂，六描面靥，七贴花钿。由此可见，唐朝女子尤其喜爱打扮，妆容的接受度也非常大。

　　宋朝的妆面非常干净，用现在的话来说就是裸妆。唐朝浓艳的红妆已然成为过往，取而代之的是清淡素雅。这种妆容，在宋朝被称为"薄妆"或"素妆"，其特点是"薄施朱色，面透微红"。

明朝

　　明朝女子的妆容大多已经不像唐朝那样浓艳，但也不是素颜，而是偏向于淡妆。这种妆容用的颜色也较为鲜亮，嘴唇的修饰和唐朝有非常大的不同，不会那么夸张。整体来说，明朝女子的装束和现代的审美更加贴合。

八、原创花钿

关于花钿的起源，据《杂五行书》中所说："宋武帝女寿阳公主，人日卧于含章殿檐下，梅花落额上，成五出花，拂之不去……经三日，洗之乃落。宫女奇其异，竞效之……"因此花钿也称为"梅花妆"或"寿阳妆"。在唐代，花钿除圆形外，还有各种繁复的形状。花钿是将剪成的花样贴于额前。用于制作花钿的材料有金箔、纸、鱼鳃骨、鲋鳞、茶油花饼等。剪成后用鱼鳔胶等粘贴。从出土文物资料中所见，花钿有红、绿、黄三种颜色，以红色最多。

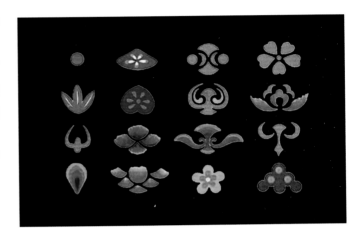

下面展示的9个原创花钿，配合不同的造型会非常有意思。

九、外拍经验谈

不同于其他造型，国风造型大多是为了拍照而准备的，所以外景拍摄时要带什么，怎么带，怎么在出外景时用最小的成本做出最好的效果，我想这些都是本书的读者感兴趣的内容。

笔者进行汉服拍摄差不多有两年了，拍过的大大小小的场景也有上百处了，拍过视频，也拍过纯图片。总的来说，拍纯图片还是会轻松很多。因为有 Photoshop 这个强大的软件，很多前期不足的都可以靠后期补救。

外景拍摄一定要带的就是道具，一件出色的道具可为整张照片增色不少。如乐器，一把月琴或箜篌都可以令整张照片的情景效果大幅提升。

如果觉得上面所说的乐器太大，那么笛子也是可以作为拍摄道具的乐器之一。有一种折叠笛是可以拆成两三段的，易于携带，不妨在包里放上一把，以备不时之需。

扇子也是常用道具之一，团扇易折断，不妨塞一把不易损坏的折扇在包里。在拍摄时如果没有更好的想法，可以用上万能的折扇。

别针和针线是外拍的必备之物。假设在一些特殊情况下，需把齐胸装的两侧缝起来，别针和针线就可以发挥作用了。例如，笔者穿齐胸装参加《一站到底》的节目录制时，因为麦克风很重，齐胸装的带子无法负荷，所以当时是缝在衣服上的。有经验的服装师也会用这两种工具把衣服调节到最适合模特的状态。所以，请一定把别针和针线放在化妆包中。

别针

皮筋、发卡和 U 形卡也是必备之物。另外，还要随身携带尖尾梳、棕榈梳和空气梳。

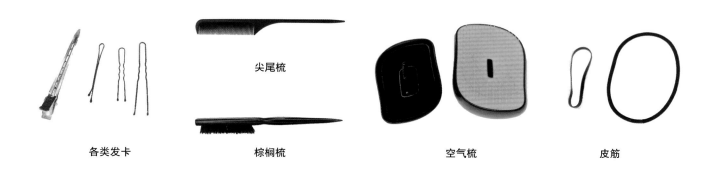

尖尾梳

各类发卡　　　棕榈梳　　　空气梳　　　皮筋

不方便携带液压喷瓶时，可以用这种小喷瓶装一些定型剂，在梳妆时随时可以用上。

外出小喷瓶

强烈推荐使用芦荟胶。笔者把芦荟胶当成发胶来使用，因为发胶很黏，也很伤发，每次使用后都要洗好多次，而且容易结块。虽然用发胶后梳理的头发很伏贴，但是一缕缕的痕迹很明显，适当有一些凌乱感反而会更加真实，所以可以用芦荟胶替代发胶。（芦荟胶还有一个好处，那就是如果在外拍时晒伤，可以用来修护肌肤。）

发蜡也是推荐造型师人手一份的单品。最适合用发蜡的人群为：前面留出挡脸的头发的人、有不长不短的刘海的人、碎发较多的人等。

发蜡

芦荟胶

十、双人搭档的拍摄方式

找一个适合自己的合作对象

　　要强调这点的原因是每个人的骨架和身形都不一样，虽然用 Photoshop 软件在后期可以弥补，但是前期最好还是做一下选择。这个选择就是对骨架大小和身高的选择。很多古风漫画中，男性的骨架比女性大、身高比女性高才好看，20cm 左右的身高差是最合适的。如果身边没有这样的选择，我们也可以根据地理环境采用高低位的拍摄方式强调身高差。

两个人的身形位置

　　一个人的构图相对容易一些，而两个人则容易让画面过满而失去意境感。两个人在配合拍照的时候，一定要注意高低差，不管是坐着还是站着，尽量不要等高。如果等高的话，基本就只能拍脸部特写了。坐着要一高一低（或一前一后）地坐，站着也要一高一低地站。

如何控制模特的情绪

模特一般都不是专业演员，笑场是经常会发生的事，还有一些较为亲密的动作容易让模特感到尴尬，这个时候其实比起尴尬，笑场反而可以缓解大家的情绪。这里有一个小诀窍：当两个人对视的时候，不要去看对方的双眼，看对方眼睛以下靠颧骨的位置，这样既不容易笑场、尴尬，又不容易拍出眼白过多的效果。

双人搭档的服装选择

双人搭档时，一定要注意朝代（时代）的一致性，例如，都是魏晋风，都是唐风，或都是武侠风。在服装颜色的选择上一定要少一些，清淡一些，可以选择黑白或饱和度较低的颜色，这样在后期处理的时候，可调整性更大一些。

男性造型也要注意细节

男性的发型要注意与朝代（时代）匹配，例如，魏晋风可以选择披发，唐风可以全部束起，宋风可以戴帽子，明风可以梳发髻或戴帽子。

男性可以化妆的部位比较少，眉毛是比较重要的部位，一般可以通过眉毛看出一个人的性格和要表达的情绪。眉毛细长会显得比较魅，眉毛有三角轮廓则会显得比较刚毅。

章二

各朝代妆容与盘发造型

一、汉风造型

　　从汉代开始，女子便不再以素妆为美了，而流行起了"红妆"，不仅敷粉，还要施朱，即敷搽胭脂。汉时妇女颊红，浓者明丽娇艳，淡者幽雅动人。如"红粉妆"，即以胭脂、红粉涂染面颊。汉代《古诗十九首·青青河畔草》中便写道："娥娥红粉妆，纤纤出素手。"

妆容

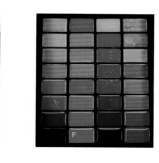

A：RMK 水凝粉底液 101

B&C：ETUDE HOUSE Play Color Eyes Juice Bar 眼影盘

D：MAC 黑色眼线膏

E：PRISMACOLOR' EBONY 眉笔

F：丝芙兰彩妆盒

01 做好脸部清洁处理，为眼部打底。

02 用粉底液 A 给脸部上好底妆。

03 用眼影 B 在上图所圈的位置轻扫一层橘色。

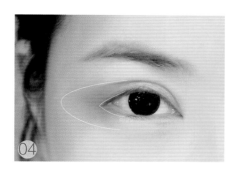

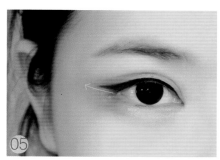

04 用眼影 C 在眼尾位置加红并晕染。

05 用黑色眼线膏 D 沿着眼睑的弧度勾画眼线，将眼尾的眼线向上拉出。

06 用眉笔 E 描绘眉毛，注意眉毛要比眼尾长一些，以加强眉眼的细长感。

07 用唇彩 F 勾画出红唇。

发型

01 将头发梳理干净并中分。

02 留出两侧鬓发，并将剩余的头发在脑后扎成低马尾。

03 将马尾编成三股辫。

04 取一片假发片，将其固定在三股辫的下方。

05 将三股辫盘成一个发髻。

二、魏晋造型

魏晋风单边披发造型

魏晋造型一般都是追求大气、洒脱的。此款造型以真发为基础做环绕处理，假发片仅起到加厚后面头发的作用。此款妆容显得帅气，眉形有一种英俊的感觉。

妆容

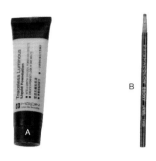

A：毛戈平莹透无痕粉底液

D：NAKED 眼影盘 FACTORY 色

B：PRISMACOLOR' EBONY 眉笔

E：丝芙兰彩妆盒

C：NAKED 眼影盘 NOONER 色

01 为皮肤做好保湿处理。

02 用粉底液 A 为皮肤打底。

03 用眉笔 B 勾勒眉毛。

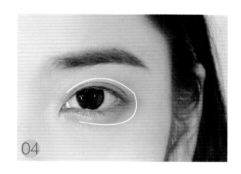

04 用眼影 C 晕染上下眼睑。

05 用刷子将眼影晕染开。

06 用眼影 D 在眼尾的位置晕染。

07 用唇彩 E 勾画唇部。

55

发型

01 将头发中分并梳理顺滑。

02 将头发分成三份，然后将后面的头发扎成高马尾。

03 将右侧的头发一半固定在脑后，另一半放在外面。

04 将左侧的头发环绕在扎马尾的地方。

05 固定好右侧的头发。

06 取一片假发片，将其固定在马尾上。

07 分出一股假发，固定在头顶上，使其看起来像一个发髻。

08 右侧的效果如图所示。

魏晋风神仙系造型

    此款魏晋风的造型像是仙侠剧中的反派人物，或者说是黑化了的人物。为了表达这种黑化情绪，在妆容中使用了上扬的眉尾，较浓重的上下眼线、艳红的眼影，这些都能体现出人物强势的一面。其高耸的发髻更是气势十足。

妆容

A：RMK 水凝粉底液 101　　　　B：爱茉莉 Full cover 遮瑕膏　　　　C：ETUDE HOUSE Drawing Eye Brow 02

D&E：人鱼姬 hold live 西柚色珠光湿膏眼影盘　　　　F：MAC 黑色眼线膏

G：KissMe 纤长卷翘防水睫毛膏　　　　H：丝芙兰彩妆盒

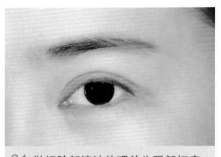

01 做好脸部清洁处理并为眼部打底。

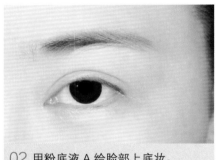

02 用粉底液 A 给脸部上底妆。

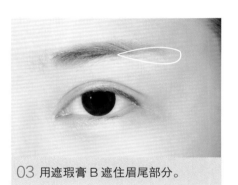

03 用遮瑕膏 B 遮住眉尾部分。

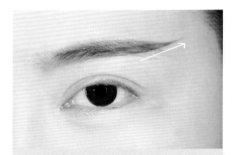

04 用眉笔 C 将眉尾向上勾画，描绘出上扬的眉毛。

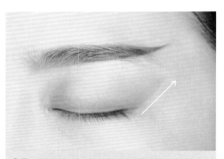

05 用眼影 D 按照上图所示的形状浅浅地晕染一层。

06 用眼影 D 在下眼睑也浅浅地晕染一层。

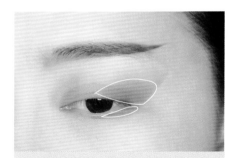

07 用眼影 E 加深眼尾和下眼睑尾部的红色。

08 用刷子将眼影晕染自然。

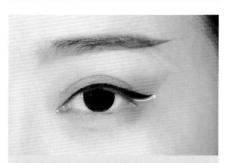

09 用眼线膏 F 沿着上睫毛根部画出一条眼线，要在眼尾处加粗。

10 用眼线膏 F 在下眼睑后方也画出半条眼线。

11 用睫毛膏 G 薄薄地涂刷睫毛。

12 用唇彩 H 勾画出饱满的唇形。

发型

01 将头发梳理干净并中分。

02 将头发分成三股，并将后面的头发扎成中马尾。

03 取三个小假发包，将其分别固定在头顶和两侧。

04 用前区的头发分别包住这三个假发包，并留出两股侧发。

05 将马尾中的头发编成一条三股辫。

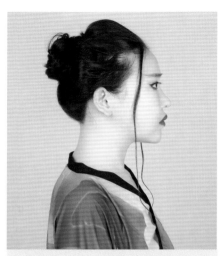

06 将三股辫盘于脑后，形成发髻。

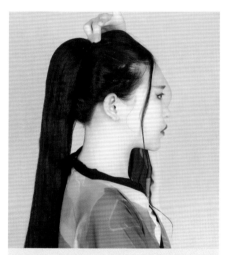

07 取一片假发片，将其固定在发髻
上，使发丝垂在脑后。

08 取一个方形假发髻，将其固定于
发髻上。

魏晋风双股辫盘绕造型

　　此款魏晋风的造型以少女风为主题。戴不戴发饰展现出来的效果各不相同。不戴发饰展现出来的效果更为柔美自然，戴了发饰则更为华丽。两侧用真发编成三股辫来环绕，这样不仅能很好地修饰脸形，还能使少女感十足。

妆容

A：毛戈平莹透无痕粉底液　　　B：NAKED 眼影盘 BUZZ 色　　　C：NAKED 眼影盘 FACTORY 色

D：植村秀眼线笔　　　E：PRISMACOLOR' EBONY 眉笔　　　F：丝芙兰彩妆盒

01 做好脸部清洁处理。

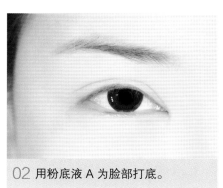

02 用粉底液 A 为脸部打底。

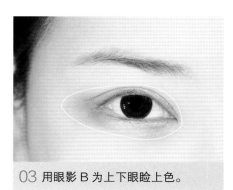

03 用眼影 B 为上下眼睑上色。

04 用刷子将眼影完全晕染开。

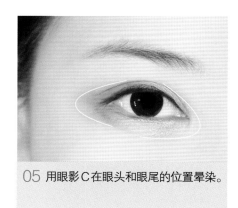

05 用眼影 C 在眼头和眼尾的位置晕染。

06 用眼线笔 D 贴着睫毛根部画一条眼线。

07

08

07 用眉笔 E 画一条平整的眉毛，其弧度不要太明显。

08 用唇彩 F 晕染出橘色的唇形。

01 将头发梳理干净并中分。

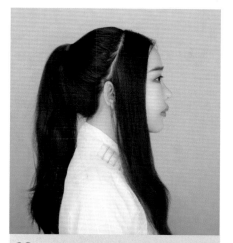

02 将头发分成三股，将后面一股头发扎成高马尾。

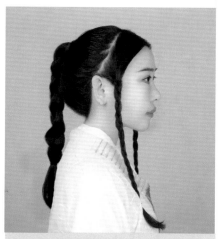

03 将马尾和前面的头发分别编成三股辫。

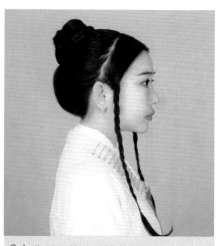

04 将后面的三股辫盘于头顶上方。

05 取一片假发片，将其分成四股，并将其中两股编成三股辫。

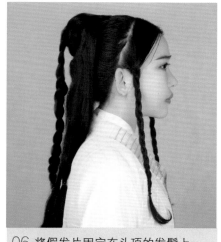

06 将假发片固定在头顶的发髻上。

07 将两条假发辫分别盘绕在头顶的发髻上。

08 将前面的两条发辫分别固定在发髻上。

三、唐风造型

唐风大漠新娘造型

　　此款唐风的新娘造型是为了拍双人照而设计的。有别于其他新娘造型，这个新娘的设定是和亲公主，因为古代交通不发达，很多和亲公主一走就是几个月，所以在路途上造型不会特别隆重，这个造型介于隆重和轻便之间。整体造型用一个华丽的金色发冠作为主体，简洁但不失华丽。妆容上用了金色、棕色作为主色调，其中棕色的眼尾加深了眼部的轮廓，更为造型添了几分异域的感觉。

妆容

A：RMK 水凝粉底液 101

B：PRISMACOLOR' EBONY 眉笔

C：人鱼姬 hold live 西柚色珠光湿膏眼影盘

D：丝芙兰眼影盒

E：中华牌特种铅笔

01 为脸部做好保湿处理。

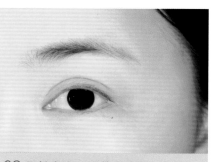

02 用粉底液 A 给整个脸部上底妆。

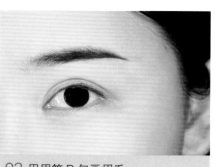

03 用眉笔 B 勾画眉毛。

04

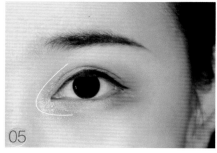

05

04 用眼影 C 在眼尾晕染红色。用黑色眼线笔描画上眼线。

05 用眼影 D 在眼头的位置涂刷金色。

06

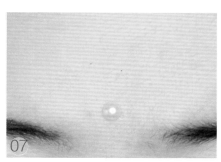

07

06 用铅笔 E 勾画上下眼线。

07 贴上珍珠花钿。

发型

01 将头发中分并梳理干净。

02 将头发分成三份，并将脑后的头发扎成高马尾。

03 将马尾盘于头顶上方。

04 取三个垫发包，固定于头顶及左右两侧，其中两侧的较小，头顶的较大。

05 用前面的头发完全覆盖住三个垫发包。

06 取一片假发片，将其固定于头顶的发髻上。

07 取一个8字包，将其固定于发髻的下方。

唐风戴帽双髻少女造型

　　唐朝时期女子的造型样式繁多，帽子式的造型也是其中一种。这里选择了一款带有珠帘的帽子。在此款造型中，把帽子调整成了不规则的形状，凸显了造型的个性。

妆容

A：RMK 水凝粉底液 101　　　B：芭妮兰杰西卡眼影盘　　　C：修眉刀

D：MAC 黑色眼线膏　　　E：PRISMACOLOR' EBONY 眉笔　　　F&G：丝芙兰彩妆盒

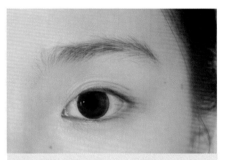

01 用粉底液 A 给脸部打好底妆。

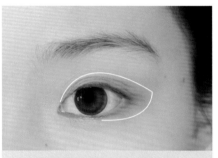

02 用眼影 B 给眼部上一层底色。

03 用刷子将眼影完全晕染开。

04 用修眉刀 C 修眉形。

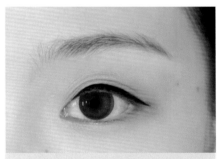

05 用眼线膏 D 沿着睫毛根部勾画一条眼线。

06 用眼线膏 D 在眼尾处平行地拉出眼线。

07 用眉笔 E 勾画自然且眉尾略下垂的眉形。

08 用唇彩 F 涂抹唇部。

09 用唇彩 G 在眉心勾画出花钿。

发型

01 将头发梳理干净并中分。

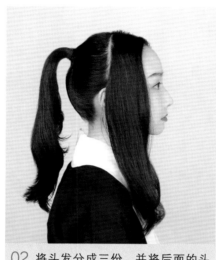

02 将头发分成三份，并将后面的头发扎成高马尾。

03 将马尾盘起并固定。

04 在前后分发处固定两个垫发包。

05 用前面的头发包裹住垫发包。

06 取一个假发髻，将其固定在后面的发髻上。

07 取一个假发包，将其固定在脑后。

唐风堕马髻造型

　　堕马髻因为将发髻置于一侧，呈似堕非堕的样子，所以取名堕马髻。唐朝李顾的《缓歌行》中有云："二八蛾眉梳堕马，美酒清歌曲房下。"堕马髻在之后的时期均有出现，也都有一些变化，但是偏侧和倒垂的形态没有发生改变。在妆容上，注意眉妆要画得浓一些，整体带有一些霸气的感觉。

妆容

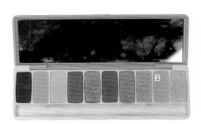

A：RMK 水凝粉底液 101

C：人鱼姬 hold live 西柚色珠光湿膏眼影盘

E：ETUDE HOUSE Drawing Eye Brow 01

B：ETUDE HOUSE Play Color Eyes Juice Bar 眼影

D：植村秀眼线笔

F：丝芙兰彩妆盒

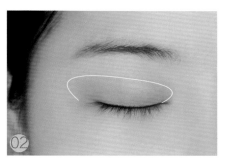

01 用粉底液 A 为脸部上好底妆。

02 用眼影 B 给眼部上一层底色。

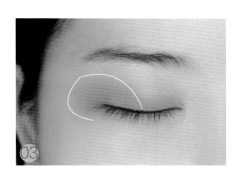

03 用眼影 C 在眼尾位置晕染红色。

04 用眼线笔 D 贴着睫毛根部画一条眼线。

05 用眉笔 E 勾画一条长粗的眉毛。

06 用唇彩 F 勾画唇形。

发型

01 将头发梳理干净并中分。

02 将头发分成三份，将后面的头发扎成中马尾并编成三股辫。

03 将三股辫盘于脑后。

04 取大号垫发包，将其固定在前后分发线的后面。

05 在左右两侧各固定一个小号的垫发包。

06 用前面的真发包裹住垫发包，留出左侧多出的垫发包。

07 取一片小号的假发片。

08 将假发片接于左侧。

09 用假发片包裹住左侧的垫发包。

10 取一个牛角包。

11 将牛角包固定于脑后。

12 佩戴饰品。

唐风华丽婚服造型

　　唐风婚服的造型一般都比较华丽。这是一款新娘可以自己打造的唐风造型。在妆容上比较简单，虽然花钿、面靥一个都不能少，但是在眼妆上就简单得多了，没有各种珠光效果，以红色为主，更为复古，不易脱妆。

妆容

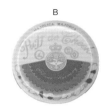

A：RMK 水凝粉底液 101
B：恋爱魔镜腮红 PK401
C：MAC 黑色眼线膏
D：ETUDE HOUSE Drawing Eye Brow 02
E：丝芙兰彩妆盒

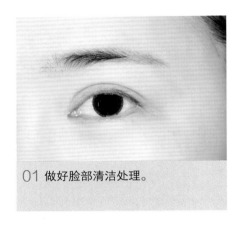

01 做好脸部清洁处理。

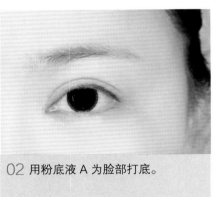

02 用粉底液 A 为脸部打底。

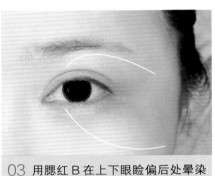

03 用腮红 B 在上下眼睑偏后处晕染红色。

04

05

04 用眼线膏 C 贴着睫毛根部画一条眼线。

05 用眉笔 D 描绘一条弯弯的、眉尾下垂的眉毛。

06

07

06 用唇彩 E 勾画面靥和红唇。

07 用唇彩 E 在额头处绘上花钿。

发型

01 将头发梳理干净并中分。

02 将头发分成三份，将后面的一份头发扎成高马尾。

03 将长的垫发包固定在头顶上方。

04 用前面的头发覆盖住垫发包。

05 将后面所有的头发编成三股辫。

06 将三股辫盘于固定马尾的位置。

07 取一个双耳髻，固定在发髻上。

08 在双耳髻上固定一个方形假发髻。

09 在后面固定一个假发包。

唐风简洁妩媚盘发造型

　　此款唐风造型是基础的盘发造型，发型较为简单，重点在于妆容。在眼尾处用红色眼线笔拉长了眼尾的眼线，增添了几分妩媚感。

妆容

A：RMK 水凝粉底液 101
B&C&E&F：人鱼姬 hold live 西柚色珠光
D：MAC 黑色眼线膏
G：ETUDE HOUSE Drawing Eye Brow 02
H：丝芙兰彩妆盒

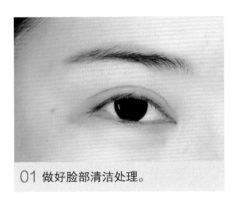

01 做好脸部清洁处理。

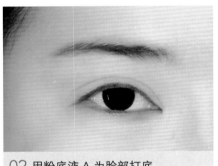

02 用粉底液 A 为脸部打底。

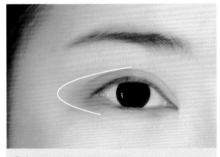

03 用眼影 B 为上眼睑上色。

04 用眼影 C 晕染眼尾。

05 继续晕染红色眼影。

06 用眼线膏 D 贴着睫毛根部画一条眼线。

07 用眼影 E 在下眼睑的位置平行拖出一条红色眼线。

08 用眼影 F 在下眼睑处打亮。

09 用眉笔 G 勾画眉形。

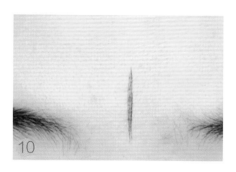

10

11

10 在双眉中间用眼影E画一条竖线，作为花钿。

11 用唇彩H勾画出一个饱满的唇形。

发型

01

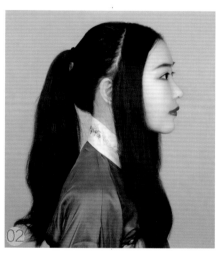

02

01 将头发梳理干净并中分。

02 将头发分成三份，将后面的一份头发扎成中马尾。

03 在头顶偏后的位置固定一个8字包，要左右对称。

04 在8字包的前方固定两个垫发包。

05 注意垫发包与8字包的位置。

06 将前面的头发向后梳理,覆盖垫发包和8字包。

07 将后面的马尾盘于8字包的下方。

08 将一片假发片固定在8字包的下方,使发尾垂下。

唐风双辫高髻造型

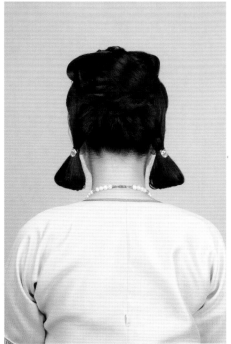

双辫高髻造型的少女感十足。为了让大家可以独立操作，笔者简化了步骤，只需要一片假发片，就可以独立完成这个造型。妆容相对浓一些，着重对眼尾进行处理，使整体形象更为娇俏、可爱。

妆容

  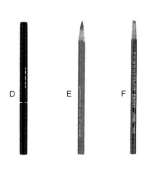 

A：RMK 水凝粉底液 101

B&C：ETUDE HOUSE Pink Cherry Blossom 眼影盘

D：植村秀眼线笔　　E：中华牌特种铅笔　　F：PRISMACOLOR' EBONY 眉笔　　G：丝芙兰彩妆盒

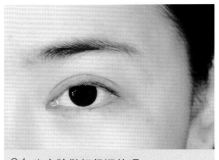

01 为皮肤做好保湿处理。

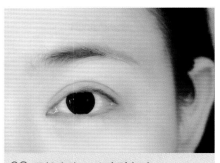

02 用粉底液 A 为皮肤打底。

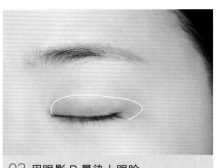

03 用眼影 B 晕染上眼睑。

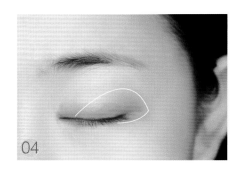

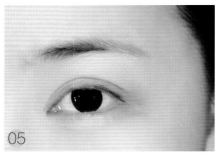

04 用眼影 C 在眼尾的位置晕染。

05 用刷子将眼影完全晕染开。

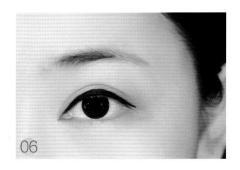

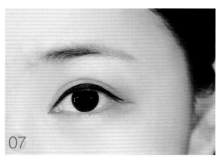

06 用眼线笔 D 贴着睫毛根部勾画一条眼线。

07 用特种铅笔 E 在眼尾处勾画一条红色眼线。

08 用眉笔 F 勾画眉毛。

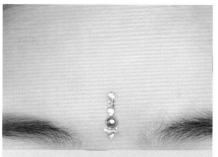

09 在眉心贴上眉心贴。

10 用唇彩 G 勾画唇形。

发型

01 将头发中分并梳理顺滑。

02 将头发分成三份，并将后面的一份头发扎成高马尾。

03 将马尾编成三股辫。

04 将三股辫盘于头顶。

05 取两个垫发包，固定于头顶两侧。

06 用前面的头发包裹住垫发包。

07 取一片假发片，将其固定在后面。

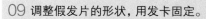

08 从左侧分出一股假发片，将其固定在头顶的发髻上方。

09 调整假发片的形状，用发卡固定。

10 右侧也做同样的处理。

11 将余下的两股假发片收到上方，调整垂下的长度。

12 两侧假发片要尽量对称。

唐风圆领袍斗笠造型

唐朝的女性可以骑马、打猎，所以圆领袍是男女通穿的。此款造型基于骑马造型而设立，帽檐上也可以挂珠帘和纱帐。妆容以帅气为主。

妆容

A：毛戈平莹透无痕粉底液　　　　B：NAKED 眼影盘 LIMIT 色　　　　C：NAKED 眼影盘 NOONER 色

D：PRISMACOLOR' EBONY 眉笔　　E：植村秀眼线笔　　　　　　　　F：丝芙兰彩妆盒

01 为皮肤做好保湿处理。

02 用粉底液 A 为皮肤打底。

03 用眼影 B 晕染上下眼睑。

04 用刷子将眼影晕染开。

05 用眼影 C 在眼尾加深颜色。

06 用眉笔 D 勾画眉形。

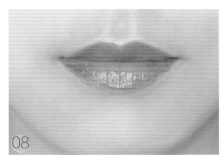

07 用眼线笔 E 勾画眼尾的眼线。

08 用唇彩 F 勾画唇形。

发型

01 将头发中分并梳理顺滑。

02 将头发分成三份，并将后面的一份头发扎成高马尾。

03 将马尾编成三股辫。

04 将三股辫固定在头顶。

05 将右侧的头发编成三股辫，并固定在发髻上。

06 左侧做同样的处理。

四、宋风造型

宋风日常造型

　　这是一款日常的宋风造型，整体造型看起来蓬松、轻盈，整体妆容干净、整洁。为了不使用垫发包且达到蓬松的效果，使用波浪夹把两侧的头发全部夹卷，这样头发的厚度和蓬松度就能表现出来了。

妆容

A：RMK 水凝粉底液 101　　　　B：双眼皮贴　　　　C：NAKED 眼影盘 TRICK 色　　　　D：植村秀眼线笔

E：ETUDE HOUSE Drawing Eye Brow 01　　　　F：丝芙兰彩妆盒

01 做好脸部清洁处理。

02 用粉底液 A 给脸部打好底妆。

03 用双眼皮贴 B 调整双眼皮的弧度。

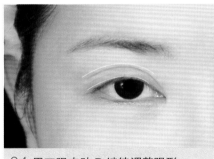

04 用双眼皮贴 B 继续调整眼形。

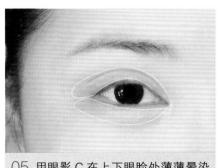

05 用眼影 C 在上下眼睑处薄薄晕染一层。

06 用眼线笔 D 沿着睫毛根部轻描一条眼线，但不要超出眼尾。

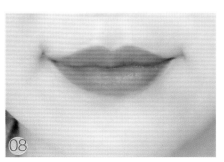

07 用眉笔 E 轻描眉毛。

08 用唇彩 F 勾画出橘色的唇形。

01 将头发梳理干净并中分。

02 将头发分成三份，并将后面的头发扎成中马尾。

03 将马尾编成三股辫并盘于脑后。

04 将两侧的头发夹成波浪形。将左侧的头发用加股编发的手法编三股辫。

05 用同样的手法将右侧的头发编成一条三股辫。

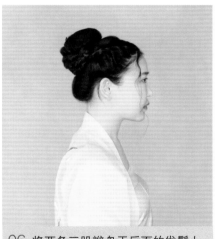

06 将两条三股辫盘于后面的发髻上。取一个软发髻，固定在发髻上方。

07

08

07 取一根假发辫，将其用盘圈的方式固定在软发髻上方。

08 取一片假发片，将其固定在发髻下方。

宋风仕女单环髻造型

　　宋朝仕女的造型是清淡、简单的，所以这个造型只立了一个环。立环的时候一定要注意这个环的稳定性。妆容方面没有那么清淡，配合整个造型，妆容会稍稍浓一些。

妆容

A：RMK 水凝粉底液 101

D：NAKED 眼影盘 FACTORY 色

B：NAKED 眼影盘 BURNOUT 色

E：ETUDE HOUSE Drawing Eye Brow 01

C：NAKED 眼影盘 DUST 色

F：丝芙兰彩妆盒

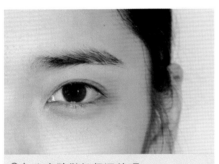

01 为皮肤做好保湿处理。

02 用粉底液 A 为皮肤打底。

03 用眼影 B 晕染上下眼睑。

04 用眼影 C 在上眼睑中部打亮。

05 用眼影 D 在眼尾的位置晕染。

06 用眉笔 E 勾画眉形。

07 用唇彩 F 勾画唇形。

发型

01 将头发中分并梳理顺滑。

02 将头发分成三份，并将后面的一份头发扎成高马尾。

03 取两个垫发包，将其固定在前后发区的分界线后方。

04 用前面所有头发包裹住垫发包。

05 将后面所有头发编成一条三股辫。

06 将三股辫盘在脑后。

07 取一片假发片，将其固定在发髻上。

08 将一股假发片环绕于头顶上方。

09 套上发网。

宋风仕女披发流仙髻造型

　　这是一款披发的宋风造型，相比全盘，披发造型一般更为清丽且具有淑女感。妆容依旧延续了淡扫蛾眉的效果，表现了大家闺秀淡雅如兰的气质。

妆容

A：RMK 水凝粉底液 101

B&C：芭妮兰杰西卡眼影盘

D：ETUDE HOUSE Drawing Eye Brow 01

E：MAC 眼线膏

F：丝芙兰彩妆盘

01 给模特做好妆前保湿，然后用粉底液 A 为全脸打底。

02 用眼影 B 轻轻晕染眼睑后面。

03 用刷子把眼影 B 晕染开。

04 用眼影 C 在眼尾的位置加红。

05 用刷子把眼影 C 晕染开。

06 用眉笔 D 勾画眉形。

07 用眼线膏 E 在眼尾的位置勾画一条细细的眼线。

08 将眼线在眼尾处平行拉出。

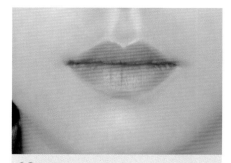

09 用唇彩 F 上唇妆。

发型

01 将头发中分并梳理干净。

02 将头发分成四份，将后面上半部分的头发扎成马尾。

03 在前区头发的后面固定两个垫发包，并用前区的头发包裹垫发包。

04 将后面上半部分的马尾编成一条三股辫。

05 将三股辫向上盘并固定成发髻。

06 将一片假发片固定于发髻上。

07 将假发片分成三股。

08 将左边的一股假发片绕于发髻左上方。

09 将这一股假发片的发尾堆叠缠绕。

10 将第二股假发片也绕于发髻上方。

11 将发尾收入发髻中。

12 注意假发片缠绕的角度和成形的比例，将最后一股假发片梳理干净。

宋风仕女全盘百合髻造型

　　这是一款全盘的宋风造型。宋风造型的关键词一般为婉约、清新与干净。此款妆容极为清淡。注意所有妆容造型应因人而异，每个模特都不同，选择适合她们的妆容造型最为重要。如果模特不适合细眉，则无须将眉毛画得很细，整体感觉对了就可以了。

妆容

A：RMK 水凝粉底液 101
B&C：芭妮兰杰西卡眼影盘
D：MAC 眼线膏

E：ETUDE HOUSE Drawing Eye Brow 01
F：丝芙兰彩妆盘

01 给模特做好妆前保湿处理。

02 用粉底液 A 给全脸打底。

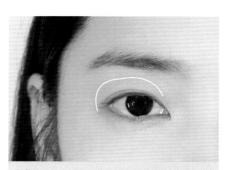

03 用眼影 B 轻轻晕染上眼睑。

04 用刷子把眼影 B 晕染开。

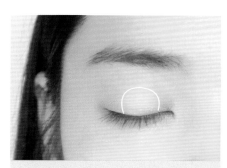

05 用眼影 C 将上眼睑中间位置打亮。

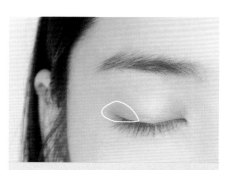

06 用眼线膏 D 在眼尾的位置勾画一条细细的眼线。

07 用眉笔 E 勾画眉形。

08 用唇彩 F 勾画唇妆。

01 将头发中分并梳理干净。将所有头发分成三份，将后面的一份头发扎成高马尾。

02 在前区头发后面的左右两侧各固定一个垫发包。

03 用前区的头发包裹垫发包并在两侧留出少许鬓发。

04 将后面的所有头发编成三股辫，收起并在脑后盘成发髻。

05 取一片假发片，将其固定于发髻上，使发尾垂下。

06 将假发片分成四股。

07 将右边第一股假发片以绕圈的方式固定在右上方。

08 依次将另外两股假发片以同样的手法堆叠并固定在一起。注意假发片的比例。

09 将剩余的假发片梳理顺滑并分成两股。

10 将左边的一股假发片向上固定好。

11 将右边的一股假发片堆叠于上一股假发片上面。

12 将所有的假发片的发尾收干净。

五、明风造型

明风单螺髻造型

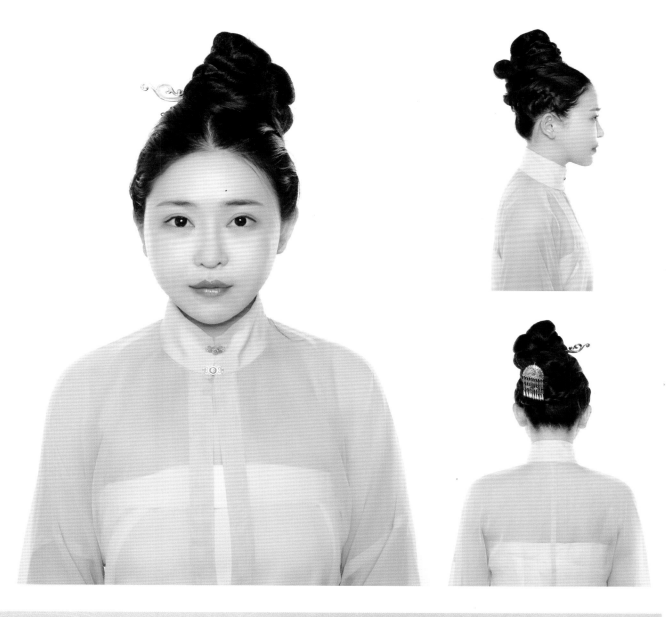

    螺髻是古代妇女的发式之一，指形似螺壳的发髻。白居易在《绣阿弥佛赞》中写道："金身螺髻，玉毫绀目。"笔者一直觉得古人的螺髻其实是真发做的，它就像现在的丸子头一样常见、利落。但因为模特头发的长度和发量不足，所以选了一个灵蛇髻来变通一下。前面没有垫发，尽量用真发去完成。在妆容方面，因为螺髻很日常，所以画了一个较为温柔的妆面，眼影选用偏红的大地色，提升了人物的精气神。

妆容

A: ETUDE HOUSE Drawing Eye Brow 01　　　　　B&C: ETUDE HOUSE Play Color Eyes Juice Bar 眼影盘

D: 植村秀眼线笔　　　　　　　　　　　　　　　E: KissMe 纤长卷翘防水睫毛膏　　　　　　F: 丝芙兰彩妆盒

01 做好脸部清洁处理并为眼部打底。用眉笔A平描眉毛，这里用咖啡色眉笔，以使眉眼之间更为柔和。

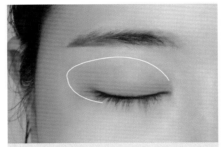

02 用眼影 B 在上眼睑处浅铺一层。

03 用眼影 C 在双眼皮褶皱线以下的部位浅铺一层。

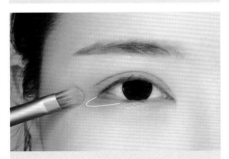

04 用眼影 B 在下眼睑眼尾的位置小范围地浅铺一层。

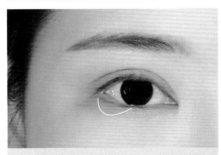

05 在下眼睑后半段加深红色。

06 用眼线笔 D 贴着睫毛根部画一条内眼线，在眼尾处略微加深。

07 用睫毛膏 E 轻轻涂刷睫毛根部。

08 眼妆至此结束。

09 用唇彩 F 画一个满唇。因为整体妆感不重，所以用偏橘色的唇彩更佳。

发型

01 将头发梳理干净并中分。将右侧的头发分成上下两份，将上面的一份头发用鸭嘴夹固定。

02 将未固定的下面的头发分成两股，将上面一股头发编加股辫至脑后。左侧以同样的手法处理。

03 将上面的一份头发放下来。将后面的头发在脑后扎一条高马尾。

04 将马尾盘于头顶上方。

05 在盘发上方固定一个垫发包，使基底更牢固。

06 取一个灵蛇髻。

07 将灵蛇髻固定在垫发包上。

08 将步骤02中编出的发辫绕于灵蛇髻底座的位置。

09 将前区的头发也绕于灵蛇髻底座的外侧。

明风少女造型

　　这是一个少女风的明风造型，整体造型清新，具"减龄"效果。薄款的立领服装多为夏天穿着。夏天的妆面一定要清透、干净，就像雨后的荷花一样清新。在发型上，发尾用蝴蝶饰品装饰，不仅显得活泼，少女感十足，而且带了些许梦幻感。

妆容

  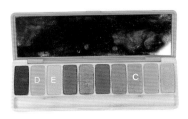  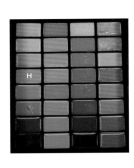

A：RMK 水凝粉底液 101　　B：LAMER 散粉　　C&D&E：ETUDE HOUSE Play Color Eyes Juice Bar 眼影盘
F：植村秀眼线笔　　　　　　G：PRISMACOLOR' EBONY 眉笔　　　　　H：丝芙兰彩妆盒

01 做好脸部清洁处理。

02 用粉底液 A 给脸部打好底妆。

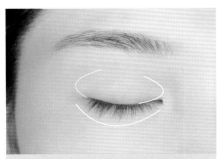

03 用散粉 B 给眼部上一层定妆散粉。

04 用眼影 C 轻轻晕染眼头的位置。

05 用眼影 D 轻轻晕染上下眼睑。

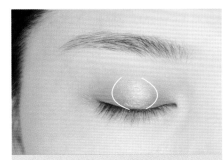

06 用眼影 E 在上眼睑中间位置做提亮处理。

07 用眼线笔 F 沿着睫毛根部轻画一条眼线。

08 用眉笔 G 勾画出自然且眉尾略下垂的眉形。

09 用唇彩 H 勾画唇形。

发型

01 将头发梳理干净并中分。

02 将头发分成三份，并将后面的头发扎成高马尾。

03 在前面左右各固定一个垫发包。

04

05

04 用前面的头发包裹住垫发包。

05 将后面所有头发编成三股辫。

06 取一片假发片。

07 将假发片固定在马尾上方。

08 将假发片平均分为四份，并分别用皮筋固定好。

09 将右边第一股假发片绕在假发片的衔接处。

10 将其发尾向内收好。

11 将左边第一股假发片也做同样的处理。

12 将其发尾也向内收好。

13 将右边第二股假发片固定于第一股假发片的外侧。

14 将左边第二股假发片做同样的处理。这时发尾无法向内收好。

15 将剩下的发尾编在一起。

16 将这个小发辫和大发辫用U形卡固定在一起。

明风成熟感造型

　　这是一款相对成熟的明风造型，服装是立领明制袄裙，整体造型具有成熟的感觉。妆容显得更为成熟，其中眼妆颜色较少，能够凸显成熟感。颜色从红粉色改为大地色，亲和力增强了不少。

妆容

A：RMK 水凝粉底液 101　　　　B：NAKED 眼影盘 LIMIT 色　　　　C：NAKED 眼影盘 TRICK 色

D：植村秀眼线笔　　　　　　　　E：PRISMACOLOR' EBONY 眉笔　　F：丝芙兰彩妆盒

01 用粉底液 A 给脸部上好底妆。

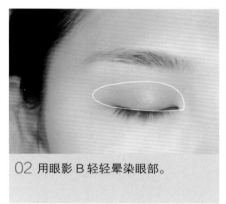

02 用眼影 B 轻轻晕染眼部。

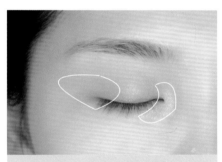

03 用眼影 C 在眼头和眼尾的位置轻轻晕染。

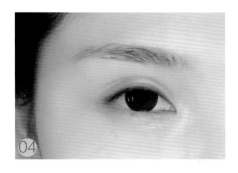

04 将眼影 B 和眼影 C 晕染开。

05 用眼线笔 D 沿着睫毛根部轻画一条眼线。

06 用眉笔 E 勾画出自然且眉尾略下垂的眉形。

07 用唇彩 F 勾画唇形。

发型

01 将头发梳理干净并中分。

02 将头发分成四份，将后面上半部分的头发扎成高马尾。

03 将马尾编成三股辫。

04 将三股辫向上盘起。

05 取一个长条的垫发包并固定。

06 用前面的头发包裹垫发包。

07 将包裹后剩余的发尾编成三股辫。

08 将三股辫盘于发髻上。

09 取一个垫发包，将其固定在发髻下方。

10 用后面下半部分的头发包裹住垫发包并固定。

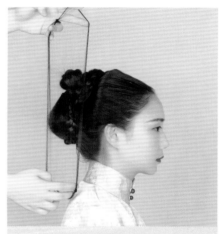

11 用一个发网包裹住发包。

12 取一片假发片。

13 将假发片固定在发髻的上方。将右侧的一股假发片编成三股辫。

14 将三股辫向上提拉并固定于脑后。

15 左侧也做同样的处理。

16 将后面剩余的两股假发片分别用皮筋固定。

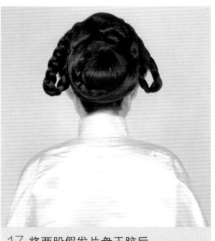

17 将两股假发片盘于脑后。

明风单边垂环造型

延续明风的端庄路线，此款妆容典雅清丽，单边侧环的造型简洁大方。

妆容

  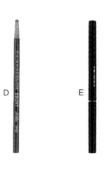 

A：毛戈平莹透无痕粉底液　　　　　　　　　B&C：ETUDE HOUSE Pink Cherry Blossom 眼影盘

D：PRISMACOLOR' EBONY 眉笔　　　　　　　E：植村秀眼线笔　　　　　　　　F：丝芙兰彩妆盒

01 为皮肤做好保湿处理。

02 用粉底液 A 为皮肤打底。

03 用眼影 B 晕染上下眼睑。

04 用眼影 C 着重在眼尾的位置晕染。

05 用眉笔 D 勾画眉毛。

06 用眼线笔 E 贴着睫毛根部勾画细致的眼线。

07 用唇彩 F 勾画唇形。

01 将头发梳理顺滑。

02 将所有头发分成三份，并将后面的一份头发扎成高马尾。

03 将一个 1/2 垫发包固定在前后分界线的后方。

04 用前面的头发包裹住垫发包。

05 取一片假发片，将其固定在后面。留出一股假发片，放于右侧肩膀前。

06 将剩余的假发片分成两小股。取其中一股，将其环绕在头顶上并固定。

07 将另一股假发片垂挂在发髻的左侧，并将发尾固定在发髻里。

明风婚礼造型

　　明代已婚妇女在正式场合要在头上戴鬏髻。鬏髻由唐宋妇女的假髻、冠子发展而来，与成年男子戴巾的性质相似。如果穿吉服，则需插戴全套头面，以示隆重。鬏髻造型一般顶部呈略尖的圆锥状，形如覆杯，底部有一圈宽沿。这种造型在明风婚礼上很常见，制作鬏髻可以尝试使用类似形状的漏勺，在其外部包裹假发片，再用发网固定。

妆容

A&B&C：人鱼姬 hold live 西柚色珠光湿膏眼影盘　　　　　D：植村秀眼线笔

E：ETUDE HOUSE Drawing Eye Brow 02　　　　　　　　F：丝芙兰彩妆盒

01 做好脸部清洁处理并为眼部打底。

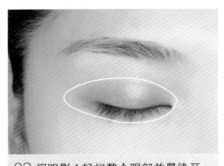

02 用眼影 A 轻扫整个眼部并晕染开。

03 用眼影 B 在眼头及下眼睑的位置晕染。

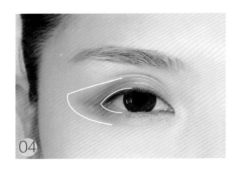

04 用眼影 C 在眼尾的部分加深晕染。

05 用眼线笔 D 贴近睫毛根部画一条弧形眼线。

06 用眉笔 E 画出较长的眉毛。因为此款妆容是在婚礼中使用的，眉色不能过浅，可以稍微浓重一些。

07 用唇彩 F 勾画大红唇。

发型

01 将头发梳理干净并中分。

02 将头发分成三份，并将后面的头发扎成高马尾。

03 将马尾编成三股辫。

04 将三股辫盘于脑后。

05 在前面固定两个垫发包。

06 用前面的头发包裹住垫发包。

07 将做好的鬏髻固定在真发髻上。

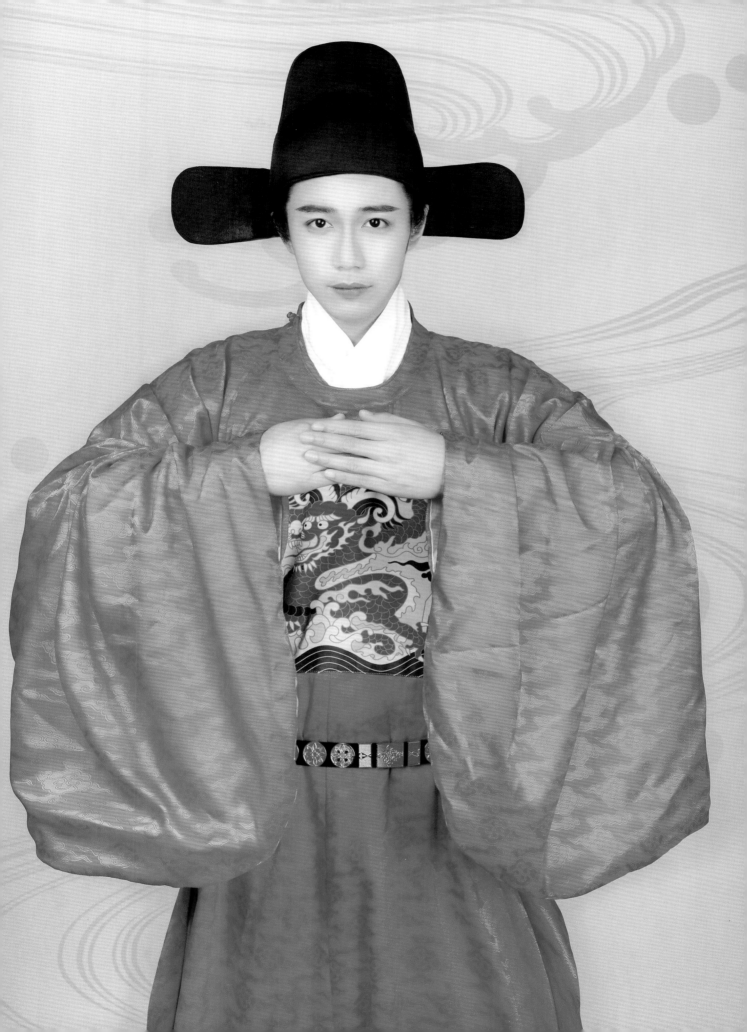

明风全盘双耳挂环造型

　　此款双耳挂环造型是一款对称的造型，搭配了垂坠的烧蓝饰品，显得更有力量感。为了配合服装的颜色，妆容中选用了蓝色系的眼影，这样能显得更加大方。

妆容

A：毛戈平莹透无痕粉底液　　　　　　　B&C：丝芙兰眼影盘　　　　　　　D：植村秀眼线笔

E：ETUDE HOUSE Drawing Eye Brow 01　　F：丝芙兰彩妆盒

01 为皮肤做好保湿处理。

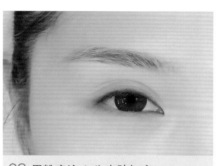

02 用粉底液 A 为皮肤打底。

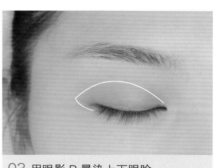

03 用眼影 B 晕染上下眼睑。

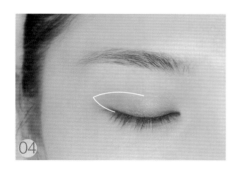

04 用眼影 C 晕染上眼睑靠后的部分。

05 用眼线笔 D 贴着睫毛根部勾画细致的眼线。

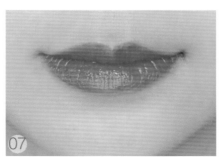

06 用眉笔 E 勾画眉毛。

07 用唇彩 F 勾画唇形。

发型

01 将头发中分并梳理顺滑。

02 将头发分成三份，并将后面的一份头发扎成高马尾。

03 将两个垫发包固定在前后分区的后方。

04 用前面的头发包裹住垫发包，并将马尾中所有的头发编成三股辫。

05 将三股辫盘于脑后。

06 取一片假发片，将其固定于发髻上方并分成三股，两边少，中间多。

07 将中间的假发片在中段扎起，并将中段以下的假发片分成两股，分别编成三股辫。

08 将这两条三股辫固定在后方。

09 将左右两股假发片分别对折，固定在左右两侧。

明风新娘晚宴造型

不同于明风新娘的端庄典雅，晚宴的造型可以稍微妩媚一些。眉毛可以微微下垂，以凸显慵懒之感，眼尾带红，更有风情。服装选用了一件大红的立领长衫，轻便艳丽。造型选用了辫子发型，简洁而不简单。

妆容

A：毛戈平莹透无痕粉底液　　　　　B：爱茉莉 Full cover 遮瑕膏　　　　C&D：人鱼姬 hold live 西柚色珠光湿膏眼影盘

E：植村秀眼线笔　　　　　　　F：ETUDE HOUSE Drawing Eye Brow 01　　　　　　　　G：丝芙兰彩妆盒

01 为皮肤做好保湿处理。

02 用粉底液 A 为皮肤打底。

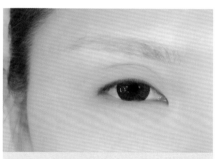

03 用遮瑕膏 B 遮盖眉毛。

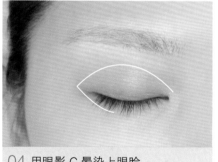

04 用眼影 C 晕染上眼睑。

05 用眼影 D 晕染上眼睑，并在眼尾处加深。

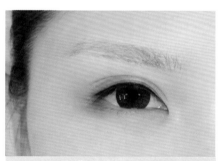

06 用眼线笔 E 贴着睫毛根部勾画细致的眼线。

07

08

07 用眉笔 F 勾画出眉尾下垂的眉毛。

08 用唇彩 G 勾画唇形。

发型

01 将头发中分并梳理顺滑。将所有头发分成三份，并将后面的一份头发扎成高马尾。

02 在前面垫两个垫发包。

03 用前面的头发包裹住垫发包。将马尾中的所有头发编成一条三股辫。

04 取一片假发片并将其固定在马尾上方。

05 取一股假发片，将其固定在右侧，做成一个环形。

06 将发尾收在旁边。

07 将左边的假发片分成两股，将其中一股用皮筋固定。

08 将用皮筋固定的假发片绕成两个环形，并固定在左边。

09 将后面中间的假发片与三股辫固定在一起。

章三

神仙精怪特殊妆容与盘发造型

一、四季拟人造型

四季拟人·春

　　"人间四月芳菲尽，山寺桃花始盛开。"春天是百花盛开的季节，到处都是大片粉红色的花，充满生机，所以笔者选择了能代表春天的粉色。整体造型花团簇拥，很有花妖的感觉。

妆容

 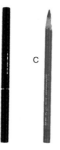 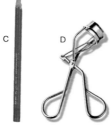 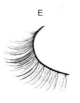  

A：芭妮兰杰西卡眼影盘

D：植村秀睫毛夹　　　E：假睫毛

B：植村秀眼线笔

F：爱茉莉 Full cover 遮瑕膏

C：中华牌特种铅笔

G：丝芙兰彩妆盒

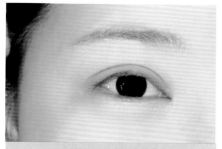

01 做好脸部清洁处理和打底。用眼影 A 在眼睑上小面积晕染一层粉色。

02 用眼线笔 B 贴着睫毛根部画一条眼线。

03 用特种铅笔 C 在眼尾的位置画红色的眼线并将其向外拉出。

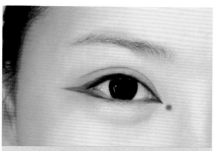

04 用特种铅笔 C 在眼头的位置勾画眼线，然后在眼头前方画一个红点。

05 用睫毛夹 D 分三段夹翘睫毛。

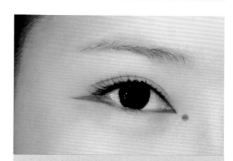

06 把假睫毛 E 剪成小段并粘在睫毛的根部。

07 用遮瑕膏 F 将眉毛覆盖住。

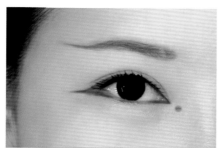

08 用特种铅笔 C 描画一条向上扬的红色眉毛。

09 根据花瓣的形状用唇彩 G 画一个满唇。

　　"荷叶罗裙一色裁，芙蓉向脸两边开。"夏天是笔者特别喜欢的季节，其代表色是绿色。此款妆容在眼影上选择了绿色和橘色，对比鲜明，再加上一些亮片和玻璃纸，效果会更好。

妆容

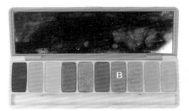

A&C&D：丝芙兰眼影盘

E：MAC 眼线膏

B：ETUDE HOUSE Play Color Eyes Juice Bar 眼影盘

F：Mistine 液体眉笔

G：丝芙兰彩妆盒

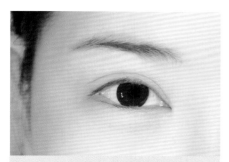

01 做好脸部清洁和基础打底处理。

02 用眼影 A 在上眼睑轻轻晕染一层浅绿色。

03 用眼影 A 在上眼睑中间的位置加深一些。

04 用眼影 B 晕染上眼睑眼头的位置。

05 用眼影 B 在下眼睑眼尾的位置晕染红色。

06 用眼影 C 在上眼睑眼尾的位置晕染绿色。

07 用刷子将眼影 C 慢慢晕染开。

08 用眼影 D 将下眼睑眼头位置打亮。

09 用眼线膏 E 描画眼线，在眼尾处向上扬。

10 用眉笔 F 描画出细细的眉毛。

11 用眼影 C 将眉毛晕染成绿色并在眉心点一个绿点。

12 用唇彩 G 描画唇部。

　　"棠梨叶落胭脂色，荞麦花开白雪香。"秋天是收获的季节，满眼金色。在神话中，秋天也是山鬼出没的季节，因此这款造型更偏妖性。用遮瑕产品覆盖全部的眉毛，眉毛是以逗眉为原型的。

妆容

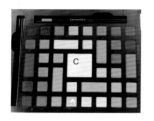

A&C：丝芙兰眼影盘

D：爱茉莉 Full cover 遮瑕膏

B：ETUDE HOUSE Play Color Eyes Juice Bar 眼影盘

E：PRISMACOLOR' EBONY 眉笔

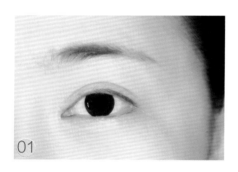
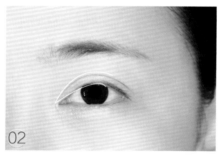

01 做好脸部清洁并做好打底处理。

02 用眼影 A 在眼头的位置浅染一层黄色。

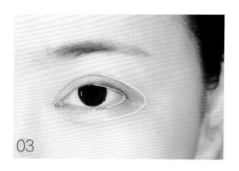
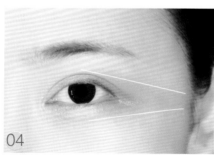

03 用眼影 B 在眼尾的位置晕染一层橘色。

04 用眼影 B 继续扩大晕染范围，以扩大整体的色感。

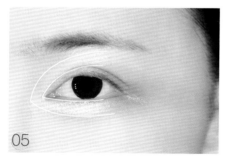

05 用眼影 C 在眼头上方和下眼睑处晕染白色，进行提亮。

06 在眼尾大面积晕染绿色眼影。然后用遮瑕膏 D 把眉毛全部遮住，并在眉头上方用眉笔 E 画小逗眉。

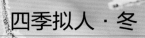

"大雪纷纷何所似，未若柳絮因风起。"在冬天，雪是一大特色，雪后的世界一片白茫茫。此款造型搭配蓝色的美瞳效果更佳。

妆容

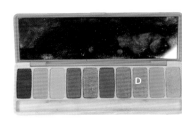

A：植村秀眼线笔　　　　　　　　　　　B：ETUDE HOUSE 白色染眉膏　　　　　　　C：丝芙兰眼影盘

D：ETUDE HOUSE Play Color Eyes Juice Bar 眼影盘　　　　　　　　　　　E：丝芙兰彩妆盒

01 做好脸部清洁处理并为脸部打底。

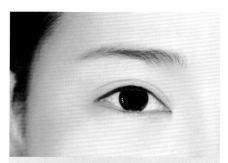

02 用眼线笔 A 描画一条内眼线，注意不要超出眼尾。

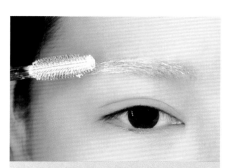

03 用白色的染眉膏 B 染在眉毛上，以覆盖原本的眉色。

04 用眼影 C 在上眼睑处涂抹一层银白色的眼影。

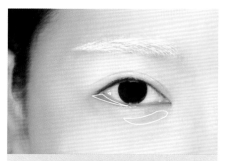

05 用眼影 D 在上图所标处微微晕染红色。

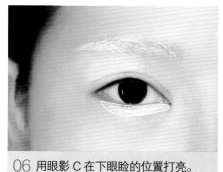

06 用眼影 C 在下眼睑的位置打亮。

07 将白色的染眉膏 B 均匀地刷在睫毛上。

08 用唇彩 E 描画出红色的唇形。

二、山精海怪造型

锦鲤抄·锦鲤姬

《山海经·大荒北经》有云："九凤前身锦鲤。"锦鲤是古代神话中常会出现的神兽，也有鲤鱼跃龙门之说。锦鲤姬偏人性，具有人的五官和轮廓，但在蜕变的过程中，鳞片未消，眉眼已经显出人的特质。整体妆容浓重，所以发型以干净、简单为主。

妆容

  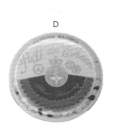 

A&H：丝芙兰彩妆盒　　　　　　　　　　B&C：ETUDE HOUSE Play Color Eyes Juice Bar 眼影盘

D：恋爱魔镜 PK401 腮红　　　　　　　　E&F：亮片　　　　　　　　　　　　　G：MAC 眼线膏

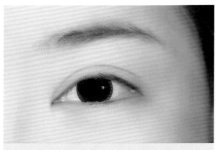

01 做好脸部清洁处理并为脸部打底。

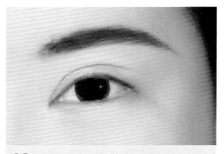

02 用唇彩 A 描画眉毛，用刷子将其均匀地晕染开。

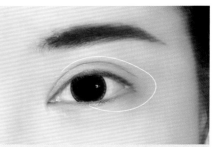

03 用眼影 B 在上下眼睑位置晕染大地色。

04 用眼影 C 在图中所示的位置晕染红色。

05 加深红色并用刷子将其均匀地晕染开。

06 用腮红 D 在颧骨至太阳穴的位置晕染。

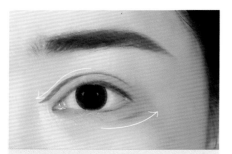

07 用唇彩 A 在上眼睑眼头和下眼睑眼尾的位置描绘上图所示的线条。

08 将亮片 E 分散地粘在脸部。

09 将亮片 F 粘在太阳穴附近的位置。

10 用眼线膏 G 描绘外眼线并在眼尾处向后延长。

11 用唇彩 A 在眉心处画一个红点。

12 用唇彩 H 描画唇部。

发型

01 将头发梳理干净。

02 将头发分成前后两份，将后面的头发扎成高马尾。

03 在头顶固定一个垫发包，用前面的头发包裹住垫发包。

04 将马尾中所有的头发编成三股辫。

05 将三股辫盘于脑后。

06 在盘发上方固定一片假发片。然后取一个8字包。

07 将8字包固定于左上方。

山海经 · 孔雀明王

　　孔雀明王修行于魔界，掌魔界管事，引日月精华，灌溉四界。周天万民，皆感其恩德。佛大悦，赐曰"孔雀大明王"。孔雀明王一般不纠结其性别，所以整个造型以中性为主，且包含了较多的动物性。

妆容

A：爱茉莉 Full cover 遮瑕膏

F：MAC 黑色眼线膏　　G：丝芙兰白色眼线笔

B：PRISMACOLOR' EBONY 眉笔　　C&D&E&I：丝芙兰眼影盘

H：CANMAKE 唇部遮瑕膏　　J：中华牌特种铅笔

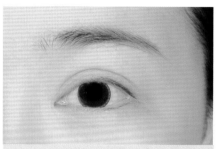

01 做好脸部清洁处理并为脸部打底。

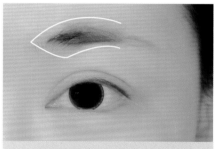

02 用遮瑕膏 A 遮盖眉尾，并用眉笔 B 强化眉头的眉毛。

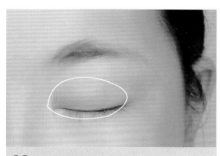

03 将眼影 C 轻轻刷于上眼睑。

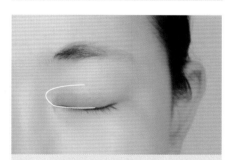

04 将眼影 D 刷于眼头。

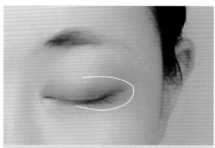

05 将眼影 E 刷于眼尾并晕染开。

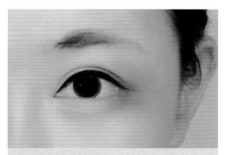

06 用眼线膏 F 画一条眼线并在眼尾处延长一些。

07 用白色眼线笔 G 于眼尾处画出羽毛图案。

08 用白色眼线笔 G 在步骤 06 的眼线上方画眼线，继续画羽毛图案。

09 用白色眼线笔 G 在额头的位置画出羽毛图案。

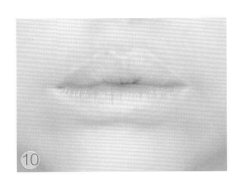

10 用唇部遮瑕膏 H 将唇色覆盖。

11 用白色眼线笔 G 在上下唇的中间位置画一条竖线。

12 用眼影 I 在眉头上方和颧骨上方打上高光。

13 用特种铅笔 J 在眼头和眼尾处各画一个红点。

发型

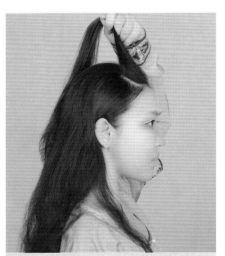

01 将头发梳理顺滑，然后将最前方的头发分出。

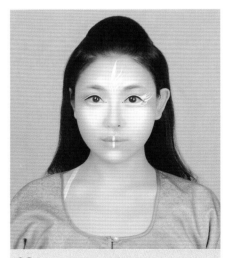

02 在分出的头发的下方垫一个小的垫发包，并用分出的头发覆盖住。

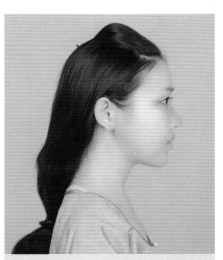

03 整理好碎发，将后方的头发扎好。

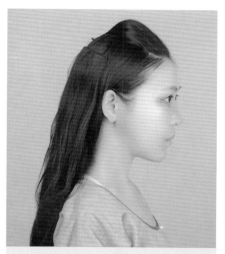

04 将一片假发片固定在脑后。

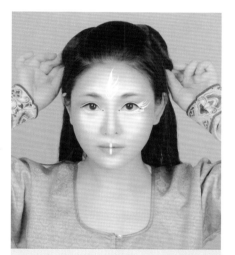

05 将一个8字包固定在假发上方。

06 取一个大号牛角包，将其固定在8字包的上方。

山海经·灵雀

　　灵雀的造型以鸟为主，偏向动物性，所以发型选择白色的假发为主。为了配合白色的假发，睫毛和眉毛都用白色的睫毛膏刷白，妆容的颜色以白色和红色为主。

妆容

A：RMK 水凝粉底液 101　　　　B：植村秀眼线笔　　　　C&D：人鱼姬 hold live 西柚色珠光湿膏眼影盘
E：Color Mascara 红色眼线液　　F：ETUDE HOUSE 白色染眉膏　　G：丝芙兰彩妆盒

01 做好脸部清洁处理，用粉底液 A 打好底妆。

02 用眼线笔 B 沿着睫毛根部勾画一条眼线。

03 用眼影 C 将眼头位置打亮。

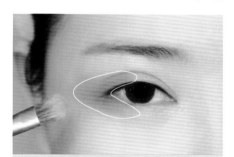

04 用眼影 D 在眼尾的位置晕染红色。

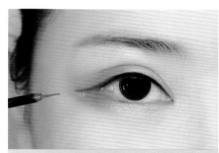

05 用眼线液 E 在眼尾的位置勾画一条红色的眼线。

06 用染眉膏 F 涂刷睫毛，尽量覆盖黑色睫毛。

07 将染眉膏 F 刷在眉毛的位置，以覆盖黑色的眉毛。

08 用唇彩 G 在额头的位置画一个花钿。

09 用唇彩 G 画出花瓣唇形。

山海经·腓腓

　　腓腓有点像狐狸，有一条白色的尾巴，养之可以解忧愁。此款造型参考了网络画手的作品中一只蓝色的狐狸神兽。整体妆容将重点放在眉眼之间，眉毛用凌乱的方式勾画，蓝黑中带有红色，眼影使用蓝色系小烟熏妆。发型上没有堆叠过多的发包，以柔顺的长发为主。

妆容

A: 毛戈平光感滋润无痕控油粉底膏　　　　B: 毛戈平塑形精致眉笔　　　　C: 中华牌特种铅笔

D&E&G: 丝芙兰眼影盘　　F: 美雪白色眼线笔　　H: Color Mascara 蓝色睫毛膏　　I: MSQ 双色修容粉

J: YSL 唇釉 407 号　　K: innisfree 矿物质纯安美颊蜜粉饼 #10

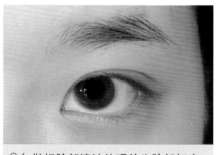

01 做好脸部清洁处理并为脸部打底。

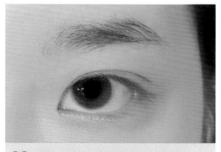

02 用粉底膏 A 遮盖脸部的瑕疵。

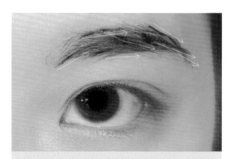

03 用眉笔 B 按照箭头所示的方向画出具有凌乱感的眉毛。

04 按照箭头所示，用眉笔 B 的另外一端将所绘的线条自然地晕染开。

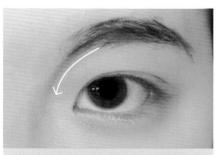

05 用特种铅笔 C 在眉头与鼻梁的连接处画一条红线。

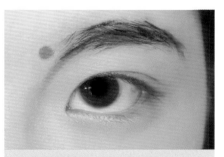

06 用特种铅笔 C 在眉头前面画上红点。

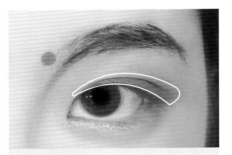

07 用眼影 D 在双眼皮褶皱处刷上墨绿色的眼影。

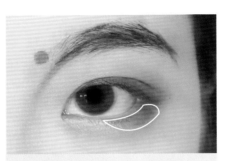

08 用眼影 D 晕染下眼睑的眼尾处。

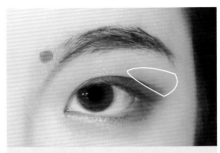

09 将眼影 E 刷在上眼睑的眼尾处。

10 用刷子均匀地刷开步骤 07 和步骤 09 所画的眼影。

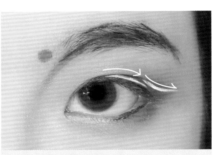

11 用白色眼线笔 F 在靠近眼尾处画两段眼线。

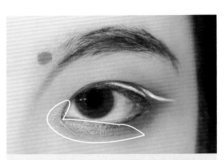

12 用眼影 G 在下眼睑眼头位置晕染。

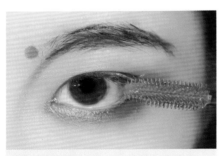

13 将蓝色睫毛膏 H 均匀地刷在睫毛上。

14 将睫毛夹翘。

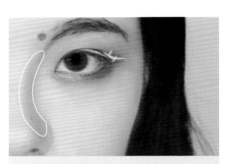

15 顺着鼻侧轮廓刷一层修容粉 I。

16 用粉底膏 A 遮住唇部的瑕疵。

17 将唇釉 J 均匀地刷于唇部。

18 将腮红 K 刷在上图所示的区域。

发型

01 将头发梳理顺滑并四六分。

02 留出少量马尾，将剩余的头发分为上下两部分。将上部分头发扎成马尾并编成三股辫。

03 取一根发棍，盘成蚊香形状，并固定在右侧上方。

04 取一个小号的8字包，将其固定在头顶。

05 取一片长的假发片。

06 将假发片固定在发髻下方并梳理干净。

07 取一个小号垂髻。

08 将小号垂髻固定在8字包的下方。

　　此款造型参考了电影《西游伏妖篇》中的蜘蛛精造型。这个造型当时得到了一片叫好声。这不仅因为服装出色，妆面也是加分项。深棕色的眼影带了一些小烟熏效果，眉毛呈现出类似蜘蛛脚的形状，整体妖感很强。而且整张脸都用高光打得很油，更能显示出蜘蛛精的野心。

妆容

 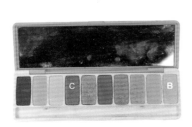  

A：RMK 水凝粉底液 101　　　　　B&C：ETUDE HOUSE Play Color Eyes Juice Bar 眼影盘

D：植村秀眼线笔　　　　　　　　E：PRISMACOLOR' EBONY 眉笔　　　　　　　　F：丝芙兰彩妆盒

01 做好脸部清洁处理。

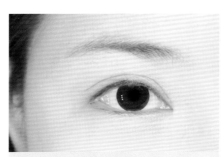

02 用粉底液 A 上底妆。

03 用眼影 B 把眼头位置打亮。

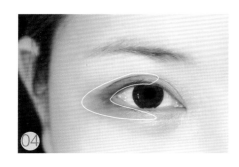

04 用眼影 C 在眼尾位置加深晕染。

05 用眼线笔 D 贴着睫毛根部画一条
眼线。

06 用遮瑕产品覆盖原本的眉毛，用
眉笔 E 画出一条弯曲且上扬的眉毛。

07 用唇彩 F 涂抹唇部，应尽量拉长
唇形。

白蛇戏梦

古人形容美人："媚眼含羞合，丹唇逐笑开。风卷葡萄带，日照石榴裙。"在笔者的印象中，这样的美人出现在了那部让人印象深刻的电影《青蛇》中，青蛇一颦一笑，眉眼之间皆是风情，鬓角的发圈更是让人印象深刻。不过，青蛇、白蛇的造型更偏妖性和动物性，于是此处改良了一下这款造型，使其更偏人性一些，更适合日常拍摄。

妆容

A：RMK 水凝粉底液 101　　　B&D：芭妮兰杰西卡眼影盘　　　C：PRISMACOLOR' EBONY 眉笔
E：MAC 黑色眼线膏　　　　　　F：KissMe 纤长卷翘防水睫毛膏　　G：丝芙兰彩妆盒

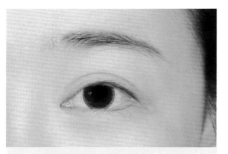

01 做好脸部清洁处理。

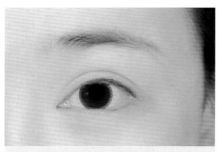

02 用粉底液 A 为整个脸部打底，以均匀肤色。

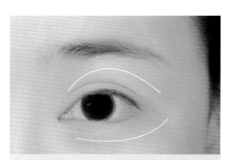

03 用眼影 B 在上下眼睑打上一层薄薄的大地色，注意对眼尾处加强晕染。

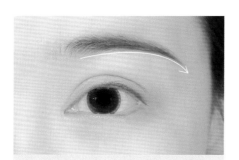

04 用眉笔 C 淡淡地画出较细且弧度往下的新月眉。

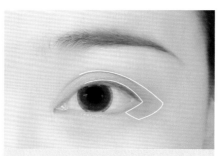

05 用眼影 D 在上图所示处均匀地晕染一层深红色的眼影。

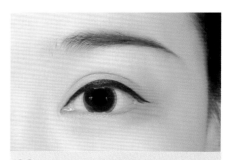

06 用眼线膏 E 贴着睫毛根部描画一条细细的眼线，在眼尾处水平拉出。

07 用睫毛膏 F 轻刷睫毛，使其看起来根根分明。

08 用唇彩 G 描画出清淡的唇色。

发型

01 将头发中分并整理顺滑。将头发分成四份，前面两份分别用皮筋固定，后面两份编成三股辫并用皮筋固定。

02 将左侧的三股辫平铺在脑后左侧并固定。

03 将右侧的三股辫固定在左侧平铺的三股辫上。

04 将右侧的三股辫的发尾收干净。在头顶固定一个假发包。

05 在后区的左右两侧分别固定一小片假发片。

06 分别用前面的两股头发将两片假发片包于脑后。后面假发包下方固定一片长的假发片。

07 取一个小号8字包，将其固定于长的假发片上。

08 用假睫毛胶水将前面的碎发打圈并粘于脸侧及额角。

桃花仙子

桃花坞里桃花庵，桃花庵下桃花仙；桃花仙人种桃树，又摘桃花换酒钱。
酒醒只在花前坐，酒醉还来花下眠；半醒半醉日复日，花落花开年复年。
——唐伯虎《桃花庵歌》

　　此款造型是笔者第一次看到模特时所想到的。模特本人很可爱，是短发，所以可以把两侧的头发留出，将后面的头发尽量扎起来，并在扎起来的部分接假发片。短发的模特要尽量少使用假包发、垫发包等，以免碎发过多。让头发很自然地垂在一侧，这也是一种可爱的造型。

妆容

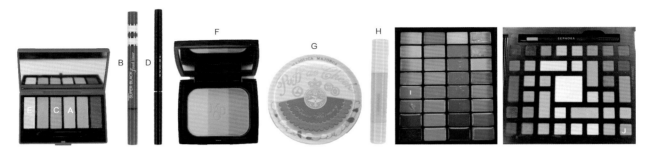

A&C&E：芭妮兰杰西卡眼影盘　　　B：Mistine 液体眉笔　　　D：植村秀眼线笔　　　F：毛戈平三色修容粉

G：恋爱魔镜 PK401 腮红　　　H：CANMAKE 唇部遮瑕膏　　　I：丝芙兰彩妆盒　　　J：丝芙兰眼影盒

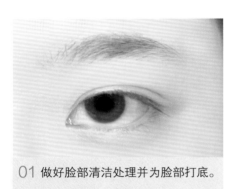

01 做好脸部清洁处理并为脸部打底。

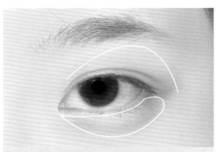

02 用眼影 A 在上下眼睑处浅铺一层。

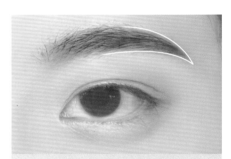

03 用眉笔 B 描画眉毛，使其稍微弯一些。眉尾较淡的人可以使用液体眉笔，这样能很好地画出自然的眉形。

04 用眼影 C 在上眼睑处厚涂一层并晕染开。

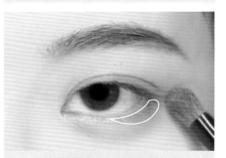

05 在下眼睑眼尾处浅浅地铺上一层眼影 C。

06 用眼线笔 D 贴着睫毛根部描画一条较细的眼线。

07 用眼影 E 提亮双眼皮褶皱的位置。

08 从眉毛下方至鼻翼两侧打上修容粉 F。

09 将腮红 G 打在脸颊两侧。

10 用遮瑕膏 H 覆盖原本的唇色。

11 用唇彩 I 根据整体唇形描画出饱满的唇部。颜色选用桃红色，这更符合桃花仙子的人设。

12 用眼影 J 在眼尾下方画出桃花花瓣的形状。

敦煌飞天伎乐

　　"飞行云中，神化轻举，以为天仙，亦云飞仙。"

　　现在所说的敦煌飞天，一般是指画在敦煌石窟中的飞神，后来其成为敦煌壁画艺术中一个专用名词。莫高窟在西魏时已出现了持乐歌舞的飞天。

　　此款造型是以飞天伎乐为原型而创作的，笔者特别喜欢张大千先生的飞天造型。此款妆容非常干净、简单，服饰稍显华丽，风骨全在。发型并不是特别华丽、夸张，还是以干净为主。

妆容

A：RMK 水凝粉底液 101　　　　B：ETUDE HOUSE Drawing Eye Brow 02　　　　D：植村秀眼线笔

C&F：ETUDE HOUSE Play Color Eyes Juice Bar 眼影盘　　　E：MAC 黑色眼线膏　　　G：丝芙兰彩妆盒

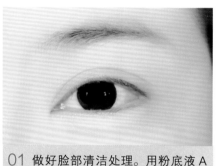

01 做好脸部清洁处理。用粉底液 A 为整个脸部打底。

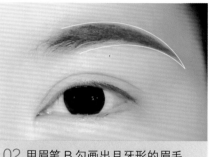

02 用眉笔 B 勾画出月牙形的眉毛。

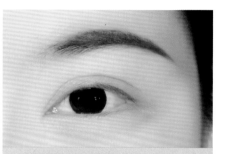

03 用眼影 C 在眼尾处加一层橘色。

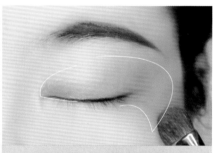

04 用眼影 C 在上眼睑和下眼睑眼尾处加深晕染。

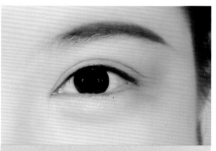

05 用眼线笔 D 贴着睫毛根部描画眼线，眼尾不用延长。

06 用眼线膏 E 在眼部再勾画一条眼线并加长眼尾。

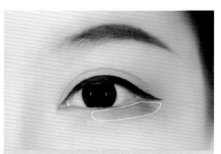

07 用眼影 F 在下眼睑靠近眼尾的位置晕染一点棕色。

08 用唇彩 G 在眉心画一个红点。

09 用唇彩 G 描画出饱满的唇形。唇边缘用遮瑕笔覆盖。

发型

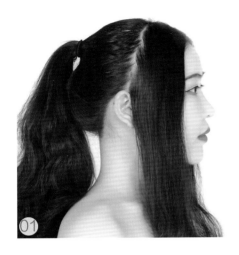 

01 将头发整理干净并中分。将头发分成三份，并将后面的一份头发扎成高马尾。

02 将马尾编成三股辫。

03 将三股辫盘于头顶。

04 将前面左边的头发固定于后面，并留出一缕鬓发。

05 右边的头发用相同的手法处理。

06 取一根飞天棒并拧成想要的形状，将其固定于发髻上。

07 取一个假发包，将其固定于脑后。

梨园戏曲造型（一）

　　新版电视剧《红楼梦》刚播出时，褒贬不一。该剧将戏曲中旦角贴水片的造型运用其中，并且采用了极其清淡的妆容。看惯了浓妆艳抹的大众，一时甚至无法接受这样的造型。今年笔者重新观看该剧的时候，竟然觉得美得很高级，也许剧中的造型更符合这个年代的审美。本书共做了三款这一类型的造型，三个案例是按照从清淡到浓艳的顺序编排的。三款发型其实是相同的，只需变化发饰和妆容就可以产生不同的效果。

　　此款造型是最为清淡的，犹如素颜。整体服装搭配采用非常清淡的白色，配饰也相应使用了简单却很高贵的点翠。

妆容

   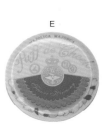 

A：毛戈平莹透无痕粉底液　　　　　　　B：植村秀眼线笔　　　　　　C：人鱼姬 hold live 西柚色珠光湿膏眼影盘

D：ETUDE HOUSE Drawing Eye Brow 01　　　　　E：恋爱魔镜 PK401 腮红　　　　　　F：丝芙兰彩妆盒

01 给脸部做好保湿处理。

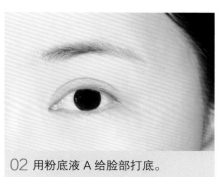

02 用粉底液 A 给脸部打底。

03 用眼线笔 B 贴着睫毛根部勾画一条眼线。

04

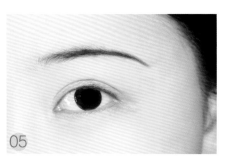

05

04 用眼影 C 为上下眼睑打一层底色。

05 用眉笔 D 勾画细眉，将其余部分用遮瑕膏盖住。

06

07

06 在脸颊两侧打一层浅浅的腮红 E。

07 用唇彩 F 勾画出浅浅的唇色。

发型

01 将头发中分并梳理干净。

02 将所有头发扎成中马尾。

03 将马尾分成两股并编成两条三股辫。

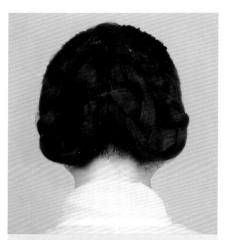

04 将三股辫平整地盘于脑后。

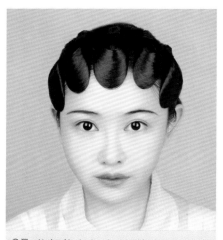

05 将额妆（也叫"铜钱头"）固定在额头上方。

06 取出一片假发片，将其固定在后面的发髻上。

07 再取出一片假发片，盖住额妆连接处。

08 将一个8字包固定在发髻上方。

09 将垂下的头发梳理平整。

这款造型和妆容比第一款略浓一些，发饰是由珠子和贝壳制成的，大气而华丽。

妆容

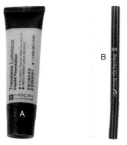  

A：毛戈平莹透无痕粉底液

B：ETUDE HOUSE Drawing Eye Brow 01

C：ETUDE HOUSE Pink Cherry Blossom 眼影盘

D：植村秀眼线笔

E：丝芙兰彩妆盒

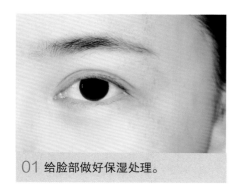

01 给脸部做好保湿处理。

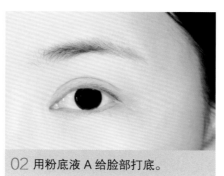

02 用粉底液 A 给脸部打底。

03 用眉笔 B 勾画眉毛。

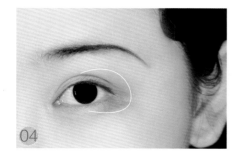

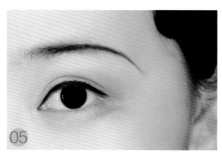

04 用眼影 C 在眼尾处晕染。

05 用眼线笔 D 勾画一条眼线。

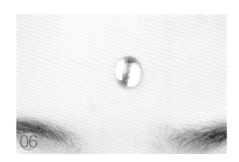

06 在眉心中间贴一颗透明的水钻。

07 用唇彩 E 勾画唇形。

此款造型是三款造型中最浓艳的，发饰也换成了华丽的烧蓝。

妆容

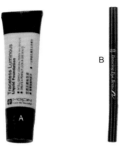

A：毛戈平莹透无痕粉底液

B：ETUDE HOUSE Drawing Eye Brow 01

C：ETUDE HOUSE Pink Cherry Blossom 眼影盘

D：植村秀眼线笔

E：丝芙兰彩妆盒

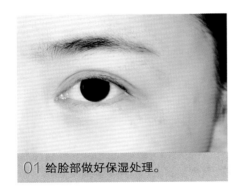

01 给脸部做好保湿处理。

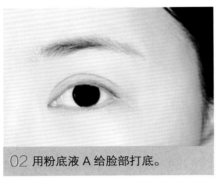

02 用粉底液 A 给脸部打底。

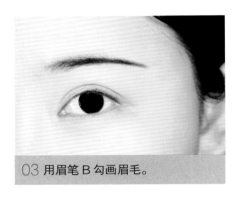

03 用眉笔 B 勾画眉毛。

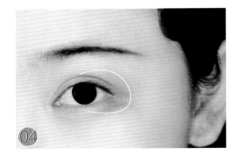

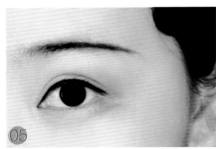

04 用眼影 C 在眼尾处晕染。

05 用眼线笔 D 勾画一条眼线。

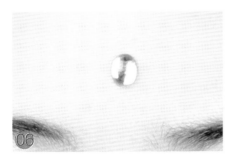

06 在眉心中间贴一颗透明的珠子。

07 用唇彩 E 勾画唇形。

196

章四

男性妆容与造型

一、唐风少年造型

　　"山中日暮幽岩下，泠然香吹落花深。"笔者对唐朝的印象在很大程度上来自电视剧《大明宫词》。唐风少年应该是什么样的呢？绝不是只有外表的美貌和温润有礼，受唐朝风气的影响，他们必定是诗词乐理均有涉猎。此处用了半垂髻，这可以凸显少年感。

妆容

A：修眉刀

B：RMK 水凝粉底液 102

C：PRISMACOLOR' EBONY 眉笔

D：NAKED 眼影盘 TRICK 色

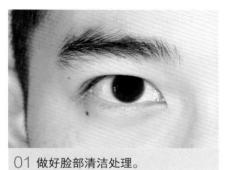

01 做好脸部清洁处理。

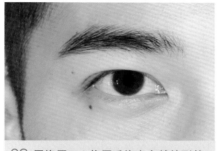

02 用修眉刀 A 将眉毛修出自然的形状。

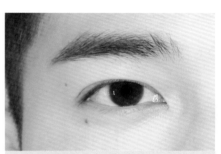

03 用粉底液 B 给整个脸部打好底妆。

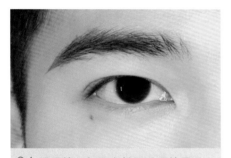

04 用眉笔 C 勾画出长于眼尾的眉毛。

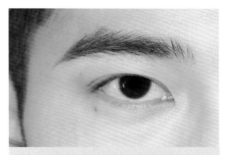

05 用眼影 D 在眼尾处轻扫浅金色。

06 晕染眼影 D。

发型

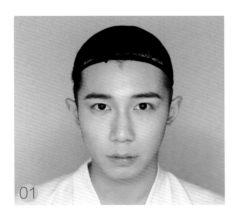

01

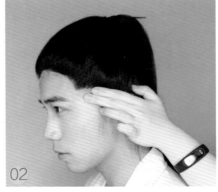

02

01 在头部戴上发网。

02 用胶水粘好头套。

03 将假发梳理顺滑。

04 将假发分成两份，留出鬓发。将上面一部分假发扎起。

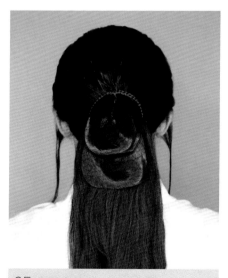

05 在后方固定一个假发髻。

二、明风少年造型

明风儒雅少年造型

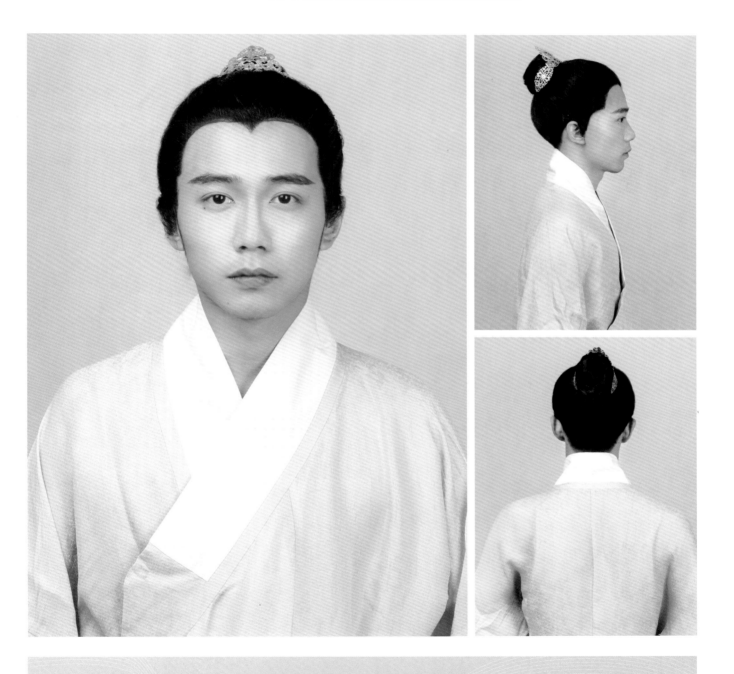

　　这套明风的曳撒不像其他颜色的服装那样有霸气之感，其颜色是雨过天晴的蓝色，干净而儒雅。在此款造型上，搭配了全部绾起的发髻，再配上一个银色的发冠，能显现出一种儒雅的气质。好一位翩翩少年。

发型

01 用胶水粘好头套，将假发用皮筋扎成马尾。

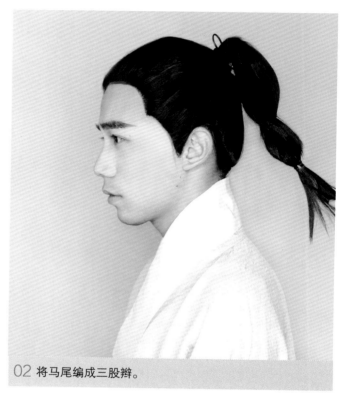

02 将马尾编成三股辫。

03 将三股辫向上盘起。

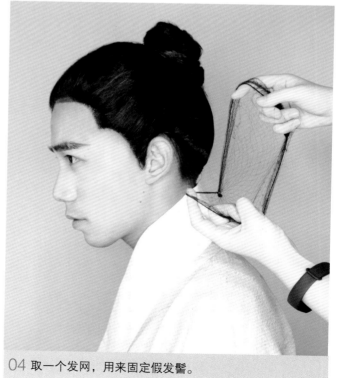

04 取一个发网，用来固定假发髻。

明风飞鱼服造型

　　这套明风的飞鱼服是正统的飞鱼服款式。一般来说，这种造型都会戴礼帽，而这次没有用礼帽，用了网巾替代，发髻全部盘起，更显利落。

妆容

A：RMK 水凝粉底液 101

B：LAMER 散粉

C：VDL 贝壳提亮液

01 给脸部做好补水处理，用粉底液 A 给脸部上好底妆。

02 用散粉 B 在脸部高光的位置晕染。

03 用贝壳提亮液 C 给脸部做好定妆。

发型

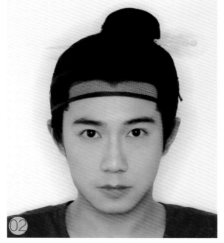

01 用发网完全包裹真发。

02 用胶水粘好假发套，戴上网巾。最后用发簪固定假发髻。

三、男女武侠风造型

　　这套棚拍双人造型的灵感来自一首歌《我的一个道姑朋友》。可以说两个人的整体造型是以武侠风为主的。女性的个性硬朗一些，所以在妆面上没有过多强调女性化的特征（但红唇还是要有的），眼影方面采用比较浅的颜色。男性只需妆面干净、硬朗就可以了。

妆容

A：RMK 水凝粉底液 101

C&D：ETUDE HOUSE Play Color Eyes Juice Bar 眼影盘

F：毛戈平三色修容粉

B：ETUDE HOUSE Drawing Eye Brow 02

E：植村秀眼线笔

G：丝芙兰彩妆盒

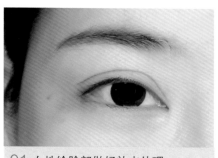

01 女性给脸部做好补水处理。

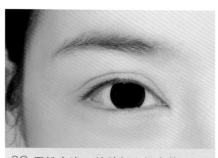

02 用粉底液 A 给脸部上好底妆。

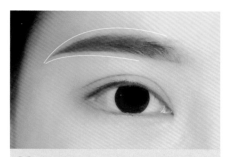

03 用眉笔 B 勾画出自然的眉形。

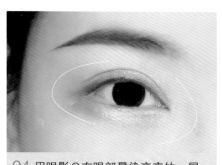

04 用眼影 C 在眼部晕染亮亮的一层。

05 用眼影 D 在双眼皮褶皱处晕染一层淡淡的棕色。

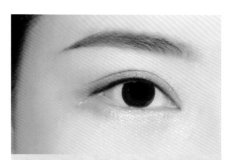

06 用眼线笔 E 贴着睫毛根部勾画细致的眼线。

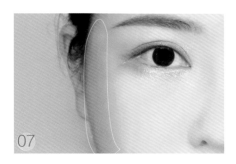

07 用修容粉 F 在脸部侧面打上阴影。

08 用唇彩 G 在唇部上色。

发型

09 男性做好面部补水处理并用粉底液 A 上好底妆。

01 戴上发网。

02 粘上头套。

四、男士头套的佩戴方式

　　首先要准备这些工具：发网、酒精胶、丝袜和头套。因为男士头套粘胶水的地方是透明的网格，粘胶水的时候需要用丝袜点压，如果用其他工具，则很容易会把那件东西上的颜色、脏东西等粘上去。笔者第一次尝试的时候，忘了带丝袜，就用了海绵，结果失败了。所以丝袜真的非常重要。

　　下面讲解步骤：先将头发用发网全部包裹住，然后把头套戴上去，并移到合适的位置；接下来用胶水点在要粘的皮肤上，用丝袜蘸水，和头套边缘一起按压，直到整个头套完全粘上。之后在这个披发上做造型。

魏晋仙侠风造型

魏晋武侠风造型

明朝曳撒造型

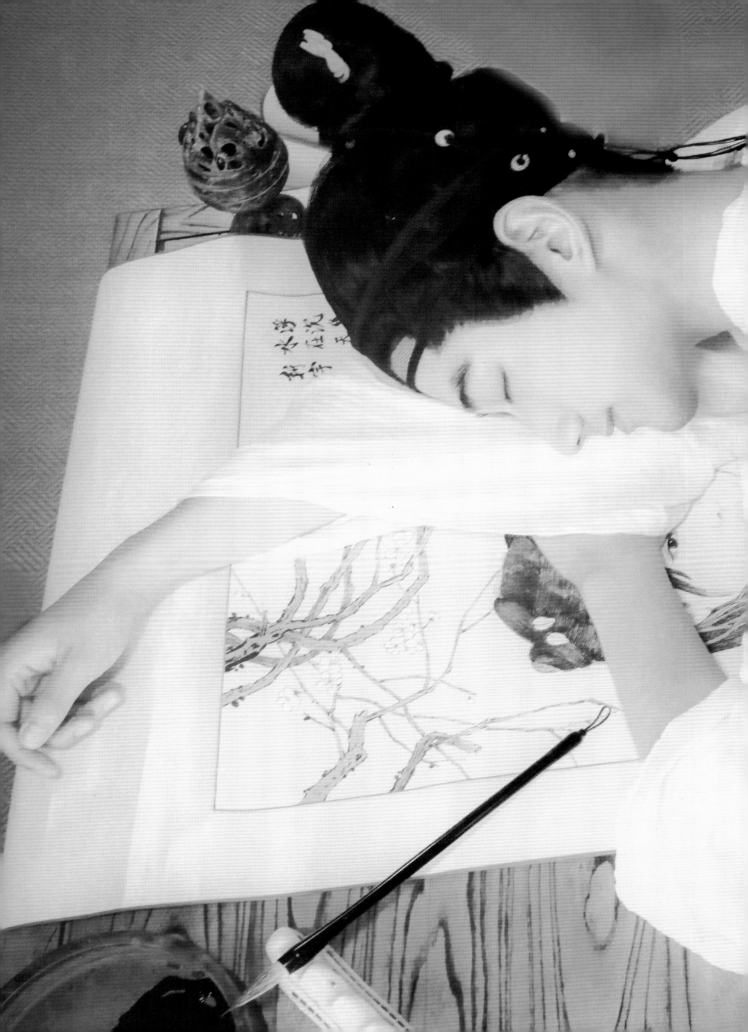

章五

国风日常造型

一、国风日常少女造型

这是一款日常的国风少女造型，仅仅做了简单的半盘发，妆容干净、清透。在眼头打白，可以打造水晶感，展现出清爽少女感。

妆容

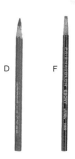

A：RMK 水凝粉底液 101

B&C&E：芭妮兰杰西卡眼影盘

D：中华牌特种铅笔

F：PRISMACOLOR' EBONY 眉笔

G：丝芙兰眼影盘

H：丝芙兰彩妆盒

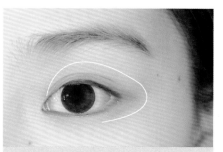

01 做好脸部清洁处理，用粉底液 A 在脸部打好底妆。

02 用眼影 B 给眼部上一层闪粉。

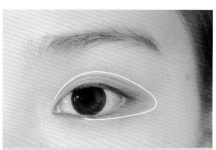

03 用眼影 C 晕染上下眼睑，并在眼尾的部位晕染开。

04 用特种铅笔 D 在眼尾处勾画一条红色眼线。

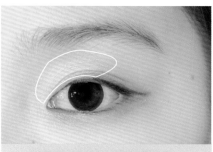

05 用眼影 E 在眼头的位置打亮。

06 用刷子将眼影 E 晕染开。

07 用眉笔 F 勾画出自然且眉尾略下垂的眉形。

08 用眼影 G 在前眼窝的位置再次打亮。

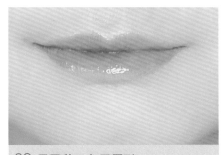

09 用唇彩 H 勾画唇形。

发型

01 将头发梳理干净并中分。

02 将头发分成四份，并将后面上部分的头发扎成高马尾。

03 将前面右边的头发编成三股辫。将三股辫固定在扎马尾处。

04 将左边的头发做同样的处理。将马尾也编成三股辫。

05 将三股辫向上盘起。

　　这是一款日常风的精灵造型，妆面比一般的妆容要浓一些，整体造型以假发为主。因为是精灵，此处选了一顶灰色的假发，再配上蝴蝶发饰，可以很好地凸显模特的俏皮、可爱。

妆容

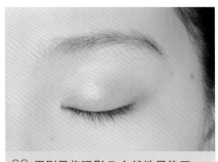

A：RMK 水凝粉底液 101

H：丝芙兰彩妆盒

B&C&D&E&F&G：ETUDE HOUSE Play Color Eyes Juice Bar 眼影盘

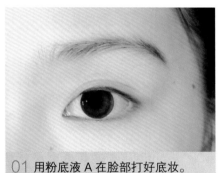

01 用粉底液 A 在脸部打好底妆。

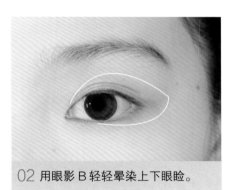

02 用眼影 B 轻轻晕染上下眼睑。

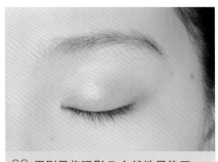

03 用刷子将眼影 B 自然地晕染开。

04 用眼影 C 在双眼皮褶皱线以下的位置加深晕染。

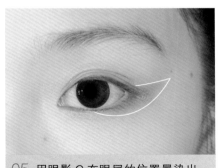

05 用眼影 C 在眼尾的位置晕染出一条弧线。

06 用刷子将眼影 C 晕染均匀。

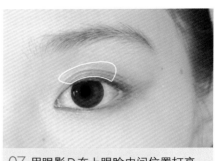

07 用眼影 D 在上眼睑中间位置打亮。

08 用眼影 E 勾画眉形。

09 用眼影 F 在上眼睑中间位置晕染并打亮。

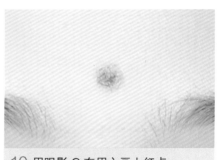

10 用眼影 G 在眉心画上红点。

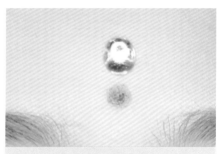

11 选一颗水钻，用双眼皮胶水粘在红点上方。

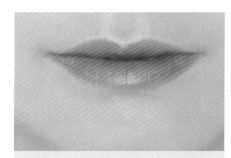

12 用唇彩 H 晕染唇部。

发型

01 将头发梳理顺滑。

02 用发网包裹住所有的头发。

03 戴上假发。